土木技術者のための

Revit入門

第2版

一般社団法人Civilユーザ会 ● 著

日経BP

はじめに

　Autodesk Revit (以下Revit) は、Building Information Modeling /Construction　Information Modeling（BIM/CIM)で利用するソフトウェアです。建築・土木設計、設備(機械、電気、配管)、構造、施工に役立つ機能を搭載しており、各分野をまたいだコラボレーション設計をサポートしています。また、Revitで作成されたモデルは、数量算出や解析、シミュレーションにもそのまま利用することができ、土木構造物（橋梁、トンネル、小構造物など）のモデル化に広く利用されています。

　Revitは、Autodesk AECコレクションに含まれており、ここに含まれるAutodesk Civil 3Dで作成した現況地形モデルとRevitで作成した構造物モデルをAutodesk InfraWorksを用いて重ね合わせると、国土交通省BIM/CIM導入ガイドライン(案)に示される統合モデルを作成することができますし、Autodesk Navisworksに読み込んで、4Dシミュレーションを行うこともできます。

　本書は、Civilユーザ会が実施するCIM塾基礎（構造物編）で利用しているテキストをベースに、BIM/CIMをこれから使い始めようと考えている土木関係者向けのRevitの入門書です。Revitの機能を説明するための例として、橋梁を対象にモデル作成方法を解説しています。さらに基礎を理解した方々に次のステップとして、構造解析やソフトウェア間の連携、データ管理などにも触れました。

　本書だけで、全ての土木構造物を簡単に作成することはできません。本書で基礎を理解して、ネット上に存在する多くの参考資料も活用して、その先にある利用方法を自分たちで考え工夫しながら、BIM/CIM事業への適用を図っていただけることを期待しています。

　土木分野にRevitを取り入れようとしたとき、はじめの一歩として、BIM/CIMの発展に少しでも役立つことを願っております。

Civil User Group 認定 CIMインストラクター　　五十嵐　和子

Civil User Group 認定 CIMインストラクター　　　金光　都

Civil User Group 会長

一般社団法人 Civilユーザ会　代表理事　　　藤澤　泰雄

本書の標記

本書では、アイコンでメモ、ヒント、注意などを示しています。

 メモでは、補足情報や知っておきたい予備知識を説明しています。

 ヒントでは、Revitを土木的に使うにはどう使うと効果的かなど、知っていると便利なポイントを紹介しています。

 注意では、Revitの操作時に注意すべき事項について説明しています。

本書の動作環境

本書では、Autodesk Revit 2024.2をベースに作成し、Autodesk Revit 2025.2での動作を確認しています。

Revit 2025エントリーレベルの動作環境(Autodesk HPより引用)

オペレーティング システム*	64ビット版Microsoft Windows 10またはWindows 11サポート情報については、オートデスクの「製品サポートのライフサイクル」を参照してください。
CPU の種類	Intel i-Series、Xeon、AMD Ryzen、Ryzen Threadripper PRO。2.5 GHz 以上 Autodesk Revit製品は、さまざまなタスクで複数のコアを使用します。
メモリ	16GBのRAM ● 通常、単一モデルの一般的な編集セッションでは、最大約300MBのディスクメモリで十分です。この結果は社内検証による結果とユーザからの検証報告に基づいており、実際のコンピュータリソースの使用とパフォーマンス特性は、モデルにより異なります。 ● 旧バージョンのRevit製品で作成されたモデルは、最新の状態に一度にアップグレードするプロセスにおいて、より多くのメモリを必要とする場合があります。
ビデオ ディスプレイの解像度	最小：1280×1024、True Color対応 最大：超高解像度(4k)モニター
ビデオ アダプタ	基本的なグラフィックス：24ビットカラー対応のディスプレイアダプタ 高度なグラフィックス：Shader Model 5搭載のDirectX11対応グラフィックスカードおよび 4GB以上のビデオメモリ
ディスク空き容量	30 GBのディスク空き容量
ポインティング デバイス	マイクロソフト互換マウス、または 3Dconnexion® 互換デバイス
.NET Platform	.NET 8
ブラウザ	Chrome、Edge、または Firefox
Desktop Connector のバージョン	Desktop Connector for Collaborationワークフローを使用する場合、Revit 2025では Desktop Connectorバージョン 16.x 以降が必要です。バージョン15.8以前は Revit 2025でサポートされていません。Revit 2024以前はDesktop Connectorバージョン16.xと互換性があります。
接続	インターネット接続（ライセンス登録および必須コンポーネントのダウンロードに必要）

＊最新の動作環境は、AutodeskのHPを参照ください。

はじめに **(5)**

サンプルデータのダウンロード

本書の説明に使用しているサンプルデータは、下記サイトよりダウンロードすることができます。

下記サイトにアクセスしたら、［071111.zip］アイコンをクリックして、サンプルデータをダウンロードしてください。

https://nkbp.jp/071111

ダウンロードしたzip形式の圧縮ファイルを解凍すると、以下のようなフォルダに第1章（Dataset1）から第5章（Dataset5）までのサンプルデータを格納しています。直接利用していないファイルも参考のため格納してあります。

InfraWorks用のファイルは、zip形式で圧縮してありますので、解凍して利用してください。

なお、本書で作成しているモデルは操作説明のためのもので、実際の設計で使用する形状とは異なります。

フォルダ		ファイル名
Dataset1	基礎	基礎01_レベルの設定.rvt、基礎02_通り芯の設定.rvt、基礎03.rvt
	擁壁	擁壁0_プロジェクト開始.rvt、擁壁1_レベル設定.rvt、擁壁2_通り芯の設定.rvt、擁壁3_躯体.rvt、擁壁4_かぶり設定.rvt、擁壁5_3Dビュー.rvt、擁壁6_シート.rvt、擁壁7_鉄筋表.rvt、擁壁8_完成.rvt
	座標	建築サンプル意匠位置合わせ用.rvt、建築サンプル-配置図座標付き.dwg、建築サンプル意匠位置合わせ済み.rvt
Dataset2	ファミリ作成	配置.rvt、ボックスカルバート.dwg、ボックスカルバート2.dwg、BOXカルバート_プロファイル.rfa、断面2.rfa、PC箱桁橋_断面1.rfa、PC箱桁橋_断面2.rfa、張出ブロック.rfa、PC箱桁橋_張出ブロック.rfa、張出ブロック_詳細.rfa
	カーテンウォールパネル	矢板SP-3_形状.dwg、矢板SP-3_カーテンウォールパネル.rfa、矢板配置.rvt、矢板配置済.rvt
Dataset3	橋梁01	コンクリート橋_01.rvt、コンクリート橋_02.rvt、コンクリート橋_03.rvt、コンクリート橋_04.rvt、コンクリート橋_05.rvt、コンクリート橋_06.rvt 橋脚_直接基礎.rfa、A1橋台.rfa、A2橋台.rfa、P1橋脚_柱.rfa、P2橋脚_柱.rfa、コンクリート.txt
	橋梁02	コンクリート橋_07.rvt、コンクリート橋_08.rvt、コンクリート橋_09.rvt、コンクリート橋_完成.rvt 張出ブロック.rfa、壁高欄_張出ブロック.rfa、アスファルト舗装.rfa
Dataset4	構造解析	解析01.rvt、解析02.rvt、解析03.rvt、解析04-結果.rvt、解析03-構造.rtd、解析03-構造計算結果.rtd
	フェーズ	Sample(フェーズ).rvt、Sample(フェーズ)設定済.rvt
Dataset5	InfraWorks	Infraworks2025.zip
	IMX_Export	Sample2025_IM_Export.imx、Sample2025_IM_Export.zip、Bridge1.imx、Bridge1.json、Bridge1.log、Bridge1.zip
	IMX_Import	Sample2025_IWImport.rvt、Sample2025_IWImport済.rvt、Sample2025_IWImport.dwg
	IWParts	JP-Pier1.rfa、geom.rfa
	IFC	Sample2025_IWImport.ifc
	Navisworks	Sample(フェーズ)設定済.rvt、工程表.csv、Sample(フェーズ).nwd

使用しているRevit 拡張機能とソフトウェア

拡張機能とソフトウェアは、Autodesk Accountの「すべての製品とサービス」より個別にインストールする必要があります。

拡張機能	Revit InfraWorks Updater 2025 Shared Reference Point for Autodesk Revit 2025 Integration Extension for Revit and Robot Structural Analysis 2025
ソフトウェア	Civil 3D 2025 InfraWorks 2025 Autodesk Navisworks Mange 2025 Robot Structural Analysis Professional 2025 Autodesk Desktop Connector Ver 16.x
Web	Autodesk Docs（ライセンスが必要、AECコレクションには付属） Autodesk Viewer

拡張機能・ソフトウェアのダウンロードとインストール

Autodeskアカウント管理(https://manage.autodesk.com/)に、Autodesk IDでサインインします。

［製品とサービス］-［すべての製品とサービス］をクリックすると、以下のように使用できる製品・サービスが表示されます(以下の図は、加工してあります)。

ソフトウェアの場合は、［インストール］を押すと、インストーラーがダウンロードされますので、そのファイルをクリックしてインストールを実行します。

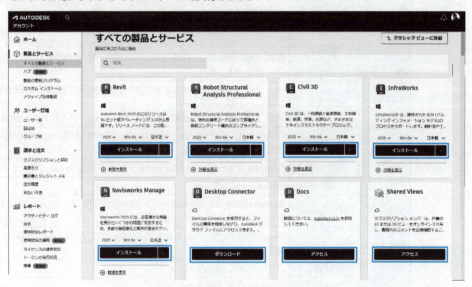

目次　(7)

　Revitの拡張機能は、Revitのアイコンをクリックして表示される、[使用可能なダウンロード]の[拡張機能]タブをクリックして、必要な機能をダウンロードし、ダウンロードしたファイルをクリックするとインストールが開始されます。

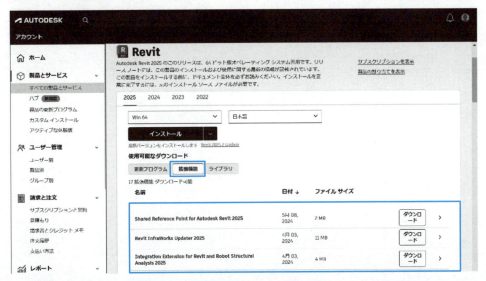

　拡張機能がインストールされると、メニューバーに以下のようなアイコンが追加されます。

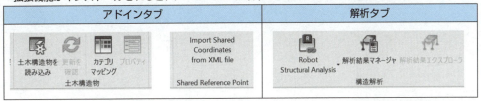

　Autodesk Desktop Connectorは、インストール後、Autodesk Docsのプロジェクトに接続する必要があります。

　接続するには、Windows通知領域の「隠れているインジケーターを表示します」アイコンをクリックして[Autodesk Desktop Connector]をクリックします。「プロジェクトが接続されていません」と表示された場合は、[プロジェクトを選択]をクリックしてプロジェクトに接続してください。

目次　**(9)**

はじめに ....(3)

目次 ....(9)

第1章　基本操作　　　1

▶01　**モデル概念と用語の説明**　　2

Revitのモデル概念 2

Revitの要素 2

Revitの用語 3

インタフェース 4

▶02　**操作画面の説明**　　4

よく使うインタフェース名 5

要素選択時に便利なキーボード操作 5

マウス操作 6

モデル作成の考え方 7

▶03　**モデルの作成**　　7

梁柱構造物モデルの作成 10

▶04　**擁壁モデルの作成**　　26

モデル作成 27

擁壁モデル（躯体）の作成 32

配筋の作成方法 38

配筋モデルの表示方法 49

モデルから2D図面の作成 52

鉄筋表の作成 57

グループ化された配筋の操作 59

Revitの座標系 60

内部原点、測量点、プロジェクト基準点の表示方法 60

▶05　**座標の確認**　　60

Civil 3Dでの操作 63

▶06　**座標の設定1：Shared Reference Point Tool**　　63

Revitでの操作 65

▶07　**座標の設定2：Geo-Reference**　　67

座標の設定されたCAD（dwg）ファイルの読み込み 68

図形の位置合わせ 69

座標の取得 71

座標位置の確認 71

第2章 ファミリ作成 73

▶01 ファミリの種類 74
モデルを作図（スケッチ）して作成する方法（押し出し、編集）......... 75

▶02 基本的な作成方法 75
CADファイルを利用する方法（CAD読込、ボイド）.................... 80
プロファイルファミリの作成 88
プロファイルを利用したファミリの作成 92

▶03 ファミリの作成位置とプロジェクトでの配置位置 95
寸法のラベル 97
構造梁ファミリの確認 98
構造柱ファミリの確認 99
P1橋脚_柱の作成方法 100

▶04 橋脚のためのファミリ作成 100
上部工ファミリの作成 107
カーテンウォール 115
Revitに標準で付属しているファミリ(ライブラリ).................... 119

▶05 さまざまなファミリ 119
CUG提供ファミリ 120
RUGファミリ (https://bim-design.com/rug/)....................... 120
建築用ツール 121

第3章 構造物の作成 123

▶01 橋梁プロジェクト（下部工）の作成 124
新規プロジェクトの作成 125
座標と単位の設定 126
高さ基準の設定 127
基準線の作成 128
基礎の配置 132
橋台、橋脚の配置 135
属性情報の確認 138
数量表の作成と確認 147

目次 (11)

▶02 橋梁プロジェクト（上部工）の作成　153

パラメトリック部品の配置 154

壁高欄の作成 160

アスファルト舗装の作成 164

第4章 その他の便利な機能　167

▶01 構造解析　168

▶02 フェーズ　177

▶03 共有ビュー、Autodesk Viewer　180

▶04 Revit Viewer　184

第5章 BIM/CIMデータ連携　185

▶01 InfraWorksモデルからIMXを書き出し（InfraWorks）　187

▶02 地形データ（Civil 3D）　189

▶03 地形と道路モデルの読み込み（Revit）　190

▶04 InfraWorksパラメトリックパーツの作成方法　192

▶05 IFC出力　194

▶06 Autodesk Docs（Autodesk Construction Cloud）　196

▶07 施工ステップの作成（Navisworks）　198

第6章 Revitの基本コマンドリファレンス　203

▶01 プロジェクトテンプレート　204

プロジェクト情報 205

プロジェクト設定 206

ビューテンプレート 208

テンプレート変更内容をほかのテンプレートにも適用する 210

ビューテンプレート管理 212

ファミリ 213

プロジェクトビュー 213

表示グラフィックス設定 213

出力設定 215

▶02 位置合わせ　216

▶03 オフセット　217

▶04 移動　219

▶05 複写　220

▶06 回転　221

▶07 トリム／延長　223

単一要素をトリム／延長 223

複数要素をトリム／延長 224

コーナーへトリム／延長 224

▶08 配列複写　225

▶09 鏡像化　227

鏡像化 - 軸を選択 227

鏡像化 - 軸を描画 228

▶10 計測　229

2点間を計測 229

要素に沿った計測 230

▶11 寸法　231

▶12 作業面　233

▶13 マテリアル　236

▶14 マスの作成方法　239

▶15 オフライン接続表示　244

▶16 ライセンスの重複　244

索引　245

第1章 基本操作

▶ **01** モデル概念と用語の説明

▶ **02** 操作画面の説明

▶ **03** モデルの作成

▶ **04** 擁壁モデルの作成

▶ **05** 座標の確認

▶ **06** 座標の設定 1：Shared Reference Point Tool

▶ **07** 座標の設定 2：Geo-Reference

01 モデル概念と用語の説明

Revitのモデル概念

Autodesk Revit（以降Revitと略）のモデルでは、基礎となる1つの構造モデルデータベース内の情報を、シート（図面）、2Dビュー、3Dビュー、および集計表として表示できます。図面ビューや集計ビューで作業していく過程で、Revitによって収集されるプロジェクト情報は、そのプロジェクトの他のすべての表現で調整されます。Revitのパラメトリック変更エンジンは、3Dビュー、シート、集計表、断面図、平面図など、どのような場所で加えられた変更も自動的に調整します。

Revitの要素

Revitのプロジェクトでは、3つのタイプの要素が使用されます。
- モデル要素は建物の実際の3Dジオメトリを示します。モデルが適切なビューで表示されます。たとえば、地中梁、橋脚はモデル要素です。
- データム要素は、プロジェクトのコンテキストを定義するのに役立ちます。たとえば、通芯、レベル、および参照面はデータム要素です。
- ビュー固有の要素では、配置されたビューにのみ表示されます。これはモデルを説明またはドキュメント化するのに役立ちます。たとえば、寸法、注釈、2D詳細コンポーネントはビュー固有の要素です。

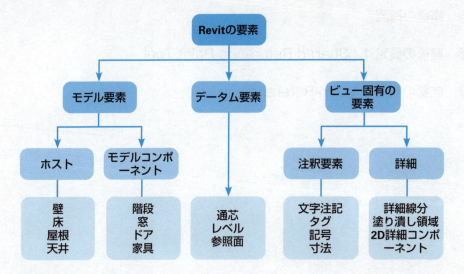

モデル要素は2つのタイプがあります。
- ホストは一般に、建設外構で構築されます。たとえば、壁、スラブはホストです。
- モデルコンポーネントは、ホスト以外構造モデルのすべての要素タイプです。たとえば、梁、柱、鉄筋はモデルコンポーネントです。

ビュー固有の要素には2つのタイプがあります。
- 注釈要素はモデルをドキュメント化し、紙上でスケールを維持する2Dコンポーネントです。たとえば、寸法、注釈、記号は注釈要素です。
- 詳細は特定のビューでの構造モデルに関する情報を示す2Dアイテムです。たとえば、詳細線分、塗り潰し領域、2D詳細コンポーネントなどです。

Revitの用語

Revitで使われる主な用語を説明します。

プロジェクト
Revitでは、プロジェクトは設計情報の単一のデータベースです。プロジェクトファイルには、ジオメトリから建築データまで、構造物のためのすべての情報が含まれます。この情報には、モデルのデザインに使用されるコンポーネント、プロジェクトのビュー、デザインの図面などが含まれます。Revitでは、単一のプロジェクトファイルを使用することで、デザインの変更が容易になり、関連付けられたすべての分野（平面図、立面図、断面図、集計表など）に変更が反映されるようになっています。1つのファイルだけを追跡すればよいため、プロジェクトの管理も容易です。

レベル
レベルは無限の水平面で、スラブ、梁のようにレベルを基にする要素の基準となります。

要素
プロジェクトを作成する場合は、Revitのパラメトリック建築要素をデザインに追加します。Revitの要素はカテゴリ別、ファミリ別、およびタイプ別に分類されます。

カテゴリ
カテゴリは建築計画をモデル化、またはドキュメント化するのに使用する要素のグループです。

ファミリ
ファミリは、カテゴリ内の要素のクラスです。ファミリは、共通のパラメータ（プロパティ）セット、同一の使用方法、および類似したグラフィックス表現によって、要素をグループ化します。ファミリ内の要素のなかには、一部または全プロパティの値が異なっている場合がありますが、それらのプロパティの名前と意味、つまりプロパティセットは同じです。

タイプ
各々のファミリをいくつかのタイプで構成することができます。

インスタンス
インスタンスとは、プロジェクトに配置され、構造（モデルインスタンス）内または図面シート（注釈インスタンス）上に特定の場所を持つ実際のアイテム（個々の要素）です。

ファミリには、3つの種類があります。
- ロード可能なファミリは、ファミリテンプレートから作成することができます。プロジェクトにロードして使用することができます。たとえば、地中梁や橋脚です。
- システムファミリは、あらかじめ用意されているファミリです。壁、寸法などがあります。これらは、プロジェクトにそのまま配置することができます。
- インプレイスファミリとは、プロジェクト内で作成するカスタムのファミリです。他のプロジェクトにロードすることはできません。

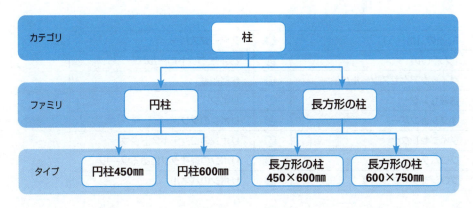

02 操作画面の説明

インタフェース

Revitでは、建築・構造・設備のタブが統合されています。トレーニングを開始する前に、インタフェースの名称を確認します。

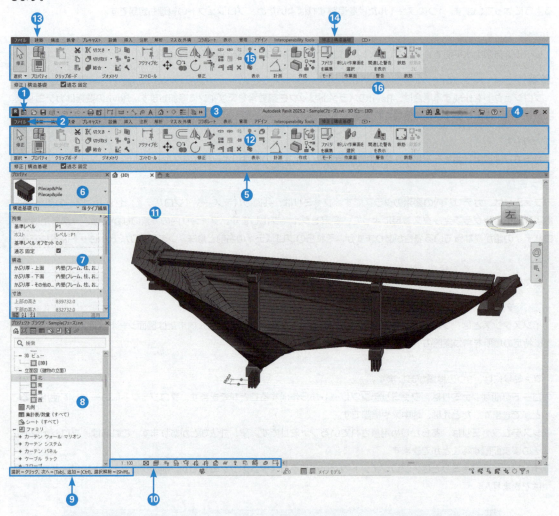

❶	Revitの[ホーム]	❾	ステータスバー
❷	[ファイル]タブ	❿	ビュー コントロールバー
❸	クイックアクセスツールバー	⓫	作図領域
❹	情報センター	⓬	リボン
❺	オプションバー	⓭	リボンのタブ
❻	タイプセレクタ	⓮	リボンのコンテキストタブ
❼	プロパティパレット	⓯	リボンの現在タブにあるツール
❽	プロジェクトブラウザ	⓰	リボンのパネル

よく使うインタフェース名

● オプションバー（表の⑤）

　オプション バーはリボンの下にあります。その内容は、現在のツールや選択した要素によって変わります。躯体を作成する時や鉄筋のかぶり等を選択するとき、注意深く見てください。非常に便利な機能があります。

● プロジェクトブラウザ（表の⑧）

　すべてのビュー、集計表、シートなどのリンクされた Revit モデルを作成・管理するブラウザです。これらのビューからさまざまなモデルを作成、管理することにより、作成されたRevitモデルがリンクされ、ミスのない効率的なモデル作成ができます。

● ビューコントロールバー（表の⑩）

　ビュー コントロールバーは、Revit ウィンドウの下、ステータスバーの上にあります。ビューコントロールには、以下に示すような表示方法のアイコンがあります。

- ・スケール
- ・詳細レベル
- ・表示スタイル
- ・太陽のパスのオン/オフ
- ・影のオン/オフ
- ・[レンダリング ダイアログ] を表示（3Dビューのみ）
- ・ビューをトリミング
- ・トリミング領域を表示/非表示
- ・ビューをロック/解除（3Dビューのみ）
- ・一時的に非表示/選択表示
- ・非表示要素の一時表示
- ・一時的なビュープロパティ
- ・解析モデルを表示/非表示
- ・変位セットをハイライト表示（3Dビューのみ）
- ・拘束の一時表示

要素選択時に便利なキーボード操作

Tabキー	いくつかの要素が互いにきわめて近いか、お互いの上にある場合は、カーソルをその領域に移動し、目的の要素がステータスバーに表示されるまでTabキーを押します。
Ctrlキー	複数の要素を選択するとき、Ctrlキーを押しながら選択します。
Shiftキー	Shiftキーを押しながら各要素をクリックして、選択された要素のグループからその要素を選択解除します。

マウス操作

	ズームイン/ズームアウトするには、マウスのホイールボタンを前後に動かします。
	ビューを移動するには、ホイールボタンを押しながら、マウスを移動させます。
↑ Shift	ビューを回転するには、ホイールボタンと Shiftキーを押しながら、マウスを移動させます。
	画面右上にある「ViewCube」をクリックすることで、目的のビューの向きに回転することができます。

03 モデルの作成

モデル作成の考え方

Revitでモデルを作成する際の考え方は以下の通りです。
- 作成する構造物をイメージします。すでに、作成した同じモデルがあれば参考にします。
- 柱、梁、基礎など、どのような部材に分解できるか、検討します。
- 分解した部材に対応する部品（ファミリ）が、Revitにすでに用意されているかを調べます。この際、柱の縦横高さなどのサイズは変更できますので、形状が同じかだけを考えます。
- Revitで用意されている場合は、その部品（ファミリ）を使い、なければ部品（ファミリ）を作成します。
- 検討した部材が事前に設定されているプロジェクトテンプレートを選択します。ない場合は、プロジェクトテンプレートに追加します。
- 分解した部品の上端、下端、右端、左端などの配置位置を考えます。
- はじめに、高さの基準を基準面（レベル）として設定します。設定すると基準面のビューが作成されます。
- 次に、この基準平面上に、配置する位置を通芯として設定します。
- 部品を配置したい基準面を選択して、通芯で位置を指定して配置します。柱のように、基準面から上方、下方に位置する部品は、配置方向を指定すると、自動的に対象の基準面まで部材長が変更されます。たとえば、Level2（高さ3000）に配置した柱を、Level1（高さ0）に向かって配置すると、Level2-Level1の長さ（3000mm）の柱となります。
- これを繰り返します。

　ファミリは、レベルと通芯を基準に配置します。レベルは、建物や構造物の高さを示したもので、AutoCADで言えばZ値（標高）設定にあたります。
　通芯は、施工時に中心線などの位置を割り出すために用いる図面上の基準線で、平面上の位置決定時に使用します。

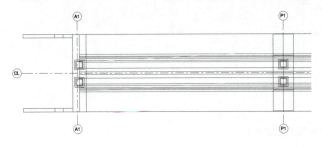
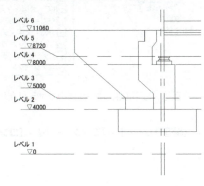

上記の説明を、以下に示すような構造物を作成する場合で考えていきます。

❶ 部品としては、基礎、柱、梁の3種類で構成します。個別に表示すると右図のようになります。

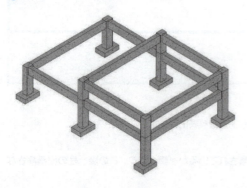
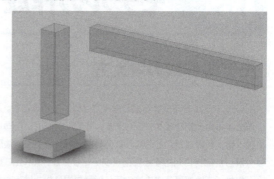

❷ Revitで用意されている部品（ファミリ）には以下のようなものがあります。この中で、作成する構造に利用できそうなものは、枠で囲んだ3種類です。

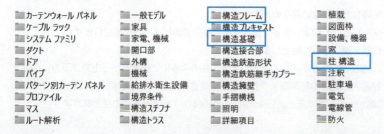

構造フレームの中は、コンクリート、プレキャストコンクリート、鉄鋼、木材と、材質ごとに分けられており、コンクリートの中には、以下のような7種類のファミリが入っています。

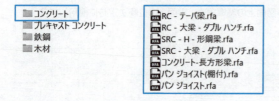

今回は、以下のような3種類のファミリを用います。

a.【構造フレーム】-【コンクリート】-【コンクリート-長方形梁.rfa】

b.【構造基礎】-【基礎-長方形.rfa】

c.【柱　構造】-【コンクリート】-【コンクリート-長方形-柱.rfa】

❸ プロジェクトテンプレートを確認しましょう。新規プロジェクトを作成する場合、以下の7つのテンプレートが用意されています。

テンプレート	用　途
建設テンプレート	建築と土木全般（解析なし）
建築テンプレート	建築
構造テンプレート	土木と構造解析
機械テンプレート	機械
設備テンプレート	機械設備（HVAC）
電気テンプレート	電気設備
給排水衛生設備テンプレート	給排水衛生設備

　これらのテンプレートは、事前に必要な用途にあったファミリ、レベルなどが事前に設定されています。今回は、構造テンプレートを用います。

❹ 作成するモデルを確認しましょう。今回は以下のようなモデルを作成します。このモデルでは、レベルを3層、通芯を5芯設定します。

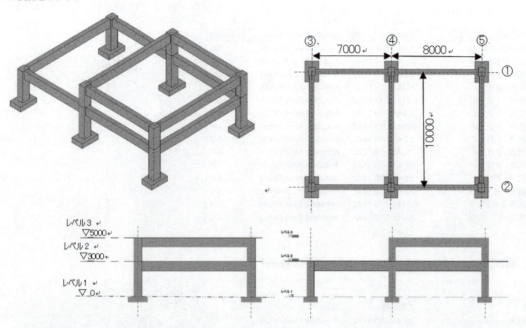

では、実際にRevitで操作していきましょう。

梁柱構造物モデルの作成

STEP01　Revitの起動

下記のアイコンをダブルクリックしてRevitを起動します。右の画面が起ち上がります。

03 モデルの作成

STEP02 プロジェクトの新規作成

［プロジェクト］-［新規作成］-［構造テンプレート］を選択します。

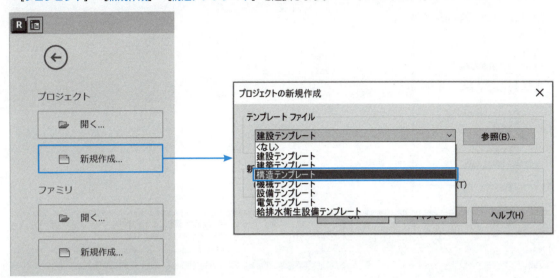

以下のような画面となるので、プロジェクトブラウザの中の＋マークをクリックしてすべて表示して拡大したものを右枠に示しました。

このテンプレートでは、事前にレベル1、レベル1-解析、レベル2、レベル2-解析、外構という構造伏図（構造平面図）と、北南東西という立面図が設定されているのがわかります。

先の検討でレベルは3つ必要だったので、新たにレベル3を作成します。

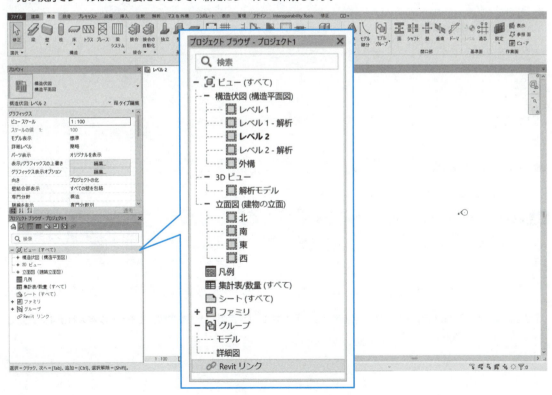

第1章 基本操作

STEP03　レベルの追加

プロジェクトブラウザの［立面図］-［北］をダブルクリックします。

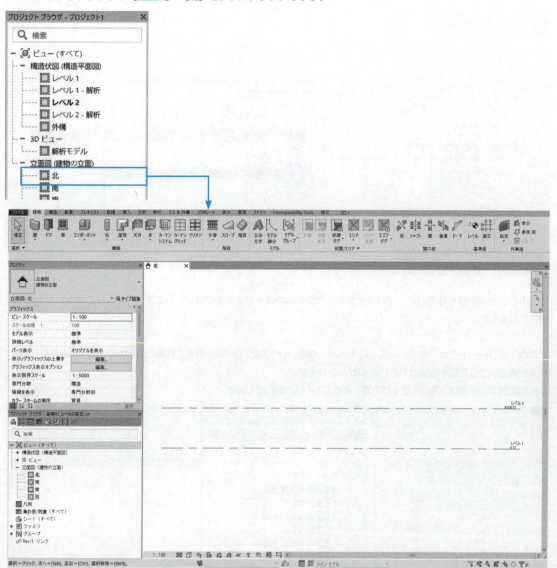

メニューから、［構造］タブ-［基準面］パネル-［レベル］をクリックします。

［修正|配置レベル］コンテキストタブ-［平面図ビュー］パネル-［平面図ビューを作成］にチェックを入れます。

レベル2の左端の上部にカーソルを移動させます。

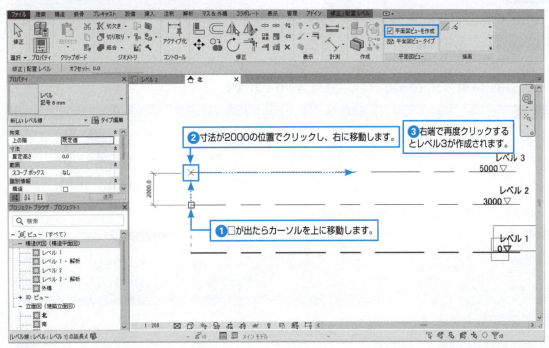

以下のように、プロジェクトブラウザの平面図にレベル3が追加され、レベル3が5000と表示されていればOKです。

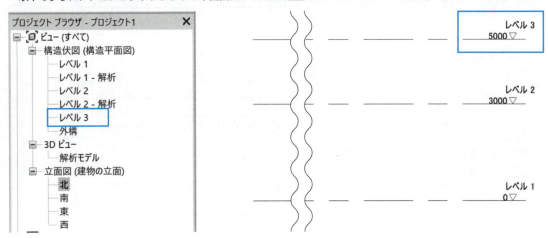

レベル3が5000になっていない場合は、レベル3の直線をクリックします。次に、数値にカーソルを移動すると「パラメータを編集」と表示されるので、クリックすると数値入力画面になります。そこで5000と入力します。

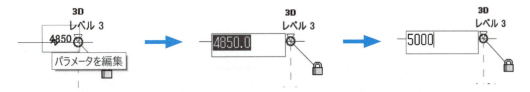

第1章 基本操作

STEP04 通芯の作成1

タブビューの[レベル2]タブをクリックし、表示を「レベル2」に切り替えます。

メニューの[構造]タブ-[基準面]パネル-[通芯]をクリックします。

水平方向に2本通芯を作成します。間隔は10000です。

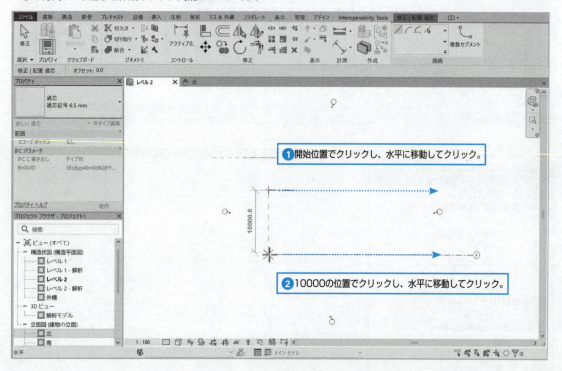

❶ 開始位置でクリックし、水平に移動してクリック。

❷ 10000の位置でクリックし、水平に移動してクリック。

以下のように表示されます。

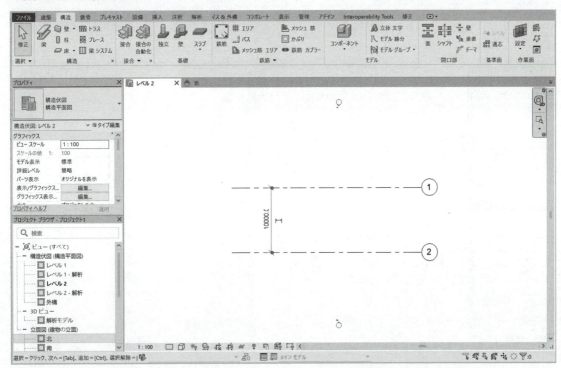

 Shiftキーを押しながら操作すると、水平/垂直の通芯が作成できます。

STEP05　通芯の作成2

同様に、鉛直方向に3本の通芯を作成します。間隔は、7000と8000です。

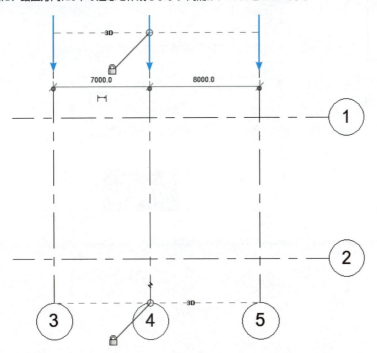

以下のようなレベル、通芯が設定できました。

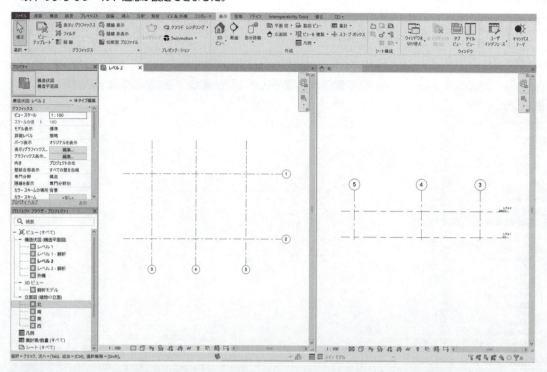

モデルが立面マークの外側にあると立面ビューには表示されませんので、全体を表示させたい場合は、立面マークをモデル全体が入るように移動させます。

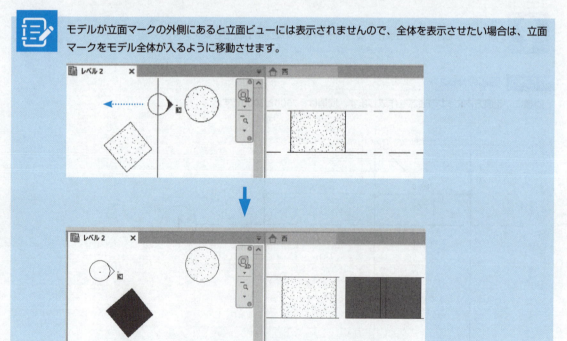

03 モデルの作成

STEP06 複数ビューの設定

実際に部材を配置していきましょう。まず柱から配置していきます。タブビューの［レベル2］タブをクリックし、表示を「レベル2」に切り替えます。

［レベル2］と［北］ビュータブが表示されていることを確認します。

以下では、説明のため複数のビューを表示します。操作は「レベル2」で行います。

［レベル2］をクリックしてから、［表示］タブ-［ウィンドウ］パネル-［タイルビュー］を押すと、「レベル2」と「北」が表示されます。

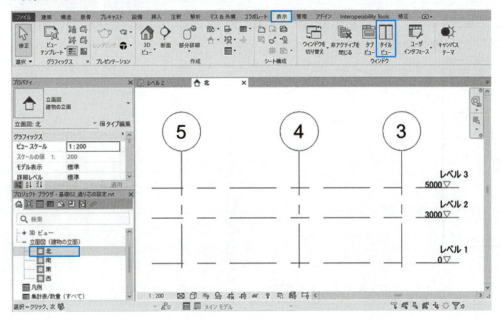

ナビゲーションバーの［全体表示(すべてのビュー)］を押すと、以下のように両方のビューに全体が表示されます。

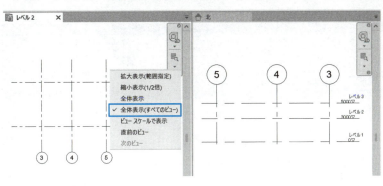

STEP07 柱の配置

柱を配置するために、メニューから［構造］タブ-［構造］パネル-［柱］をクリックします。

クリックすると、以下のようなメニューに変わります。プロパティの [タイプセレクタ] をクリックすると、このプロジェクトテンプレートに設定されている柱のファミリが表示されます。

ここでは、「コンクリート-長方形-柱-600x750mm」を使用するので、下図の枠の部分をクリックします。

[配置] パネル-[垂直柱] に設定されていることを確認します。

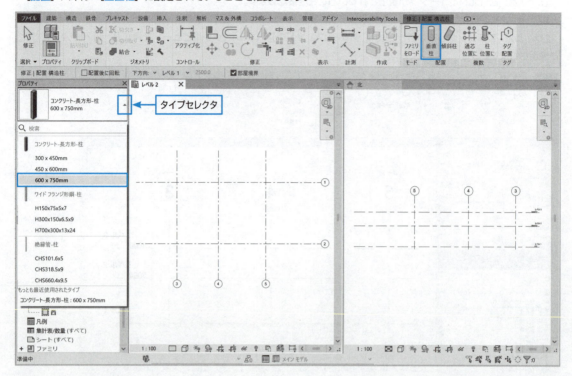

プロパティの表示が選択したファミリに変更され、「レベル2」ビューでマウスを移動させると配置位置にマークされるのがわかります。

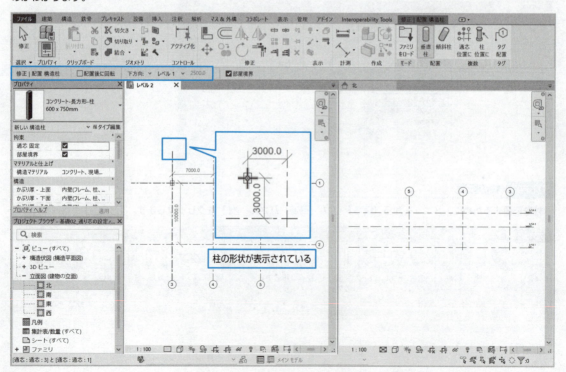

通芯①③の交点にマウスを合わせクリックします。以下のように、柱が配置されました。「北」ビューでも、柱が「レベル2」から「レベル1」に配置されていることがわかります。

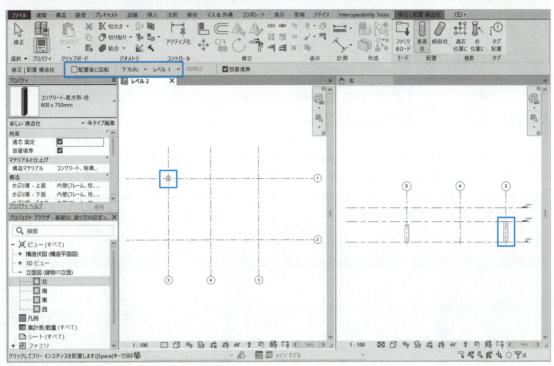

先ほど説明しませんでしたが、プロパティのすぐ上のオプションバーを見ると、「下方向、レベル1」というパラメータが表示されています。この部分を拡大してみると、「上方向、下方向」、「レベル1、レベル2、レベル3、指定」という選択肢が表示できます（以下の図は合成しているので、一度にこうした表示はできません）。

「レベル2」ビューから、上方向には「レベル3」に、下方向には「レベル1」に配置するように設定できます。

[指定] を選択すると、右側に値が入力できるようになり、上方向、下方向に指定した値で配置できます。

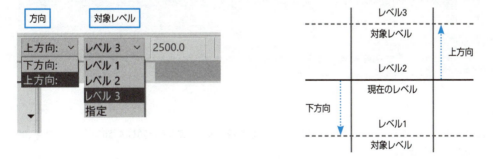

同様に、他の通芯の交点にすべて柱を配置します。配置が終わったら、Escキーで配置コマンドを終了します。

STEP08 3Dビューの表示

3Dビューも表示してみます。[表示] タブの [既定の3Dビュー] をクリックします。

プロジェクトブラウザの [3Dビュー] に{3D}が作成され、[3Dビュー] が表示されます。
ビューの配置を以下のように表示すると、配置がわかりやすくなります。

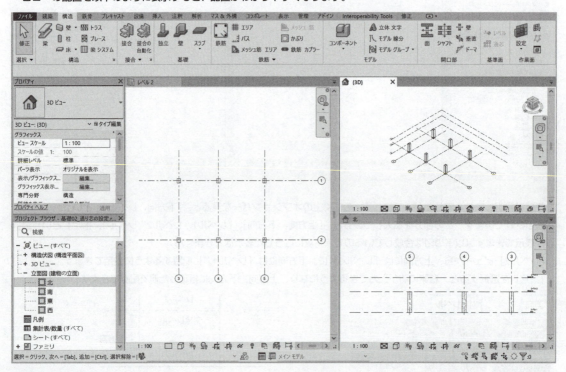

STEP09 下梁の作成

タブビューの [レベル2] タブをクリックし、表示を「レベル2」に切り替えます。先ほどと同じように、[構造] タブ-[構造] パネル-[梁] をクリックします。

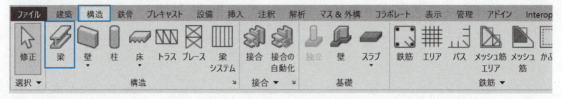

プロパティをクリックすると、このプロジェクトテンプレートに設定されている「梁」ファミリの一覧が表示されます。

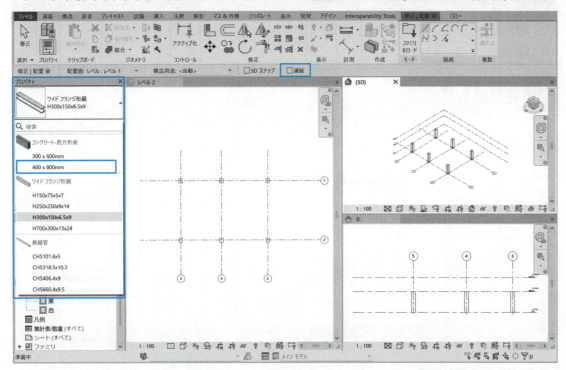

ここでは、「コンクリート-長方形-梁400x800mm」を使用するので、枠の部分をクリックします。

通芯①③の交点にマウスを合わせてクリックし、通芯①④の交点にマウスを合わせてクリックします。
同じように、通芯①④の交点をクリックして、①⑤の交点をクリックします。

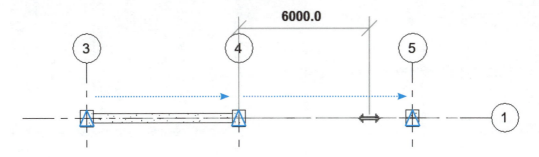

オプションバーの［連結］にチェックを入れておくと、連続して作成できます。

第1章 基本操作

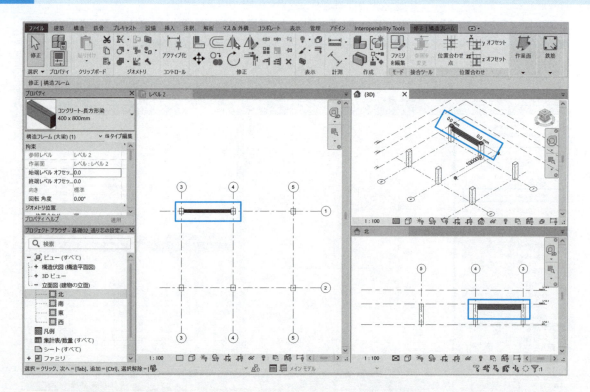

同様に残りの梁を作成します。

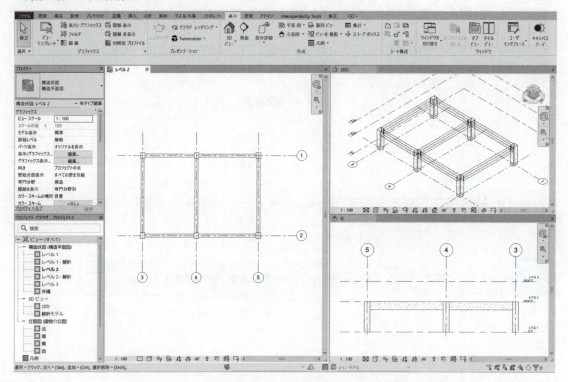

03 モデルの作成

STEP10　上段の柱、梁を作成

プロジェクトブラウザの［レベル3］をダブルクリックし、表示を「レベル3」に切り替えます。先ほどと同じように、柱、梁の順に作成します。ここでは、1つ1つ配置するのではなく、複数の通芯交点位置に一度に配置してみましょう。

［構造］タブ-［構造］パネル-［柱］から、［コンクリート長方形-柱 450x600mm］を選択して、［修正|配置 構造柱］コンテキストタブ-［複数］パネル-［通芯位置に］を選択します。マウスで適用範囲を指定し、［終了］をクリックします。

ここでは、通芯①②④⑤の交点にだけ配置するので、通芯②の右下から、通芯④の左上に向かって、マウスで範囲を選択します。

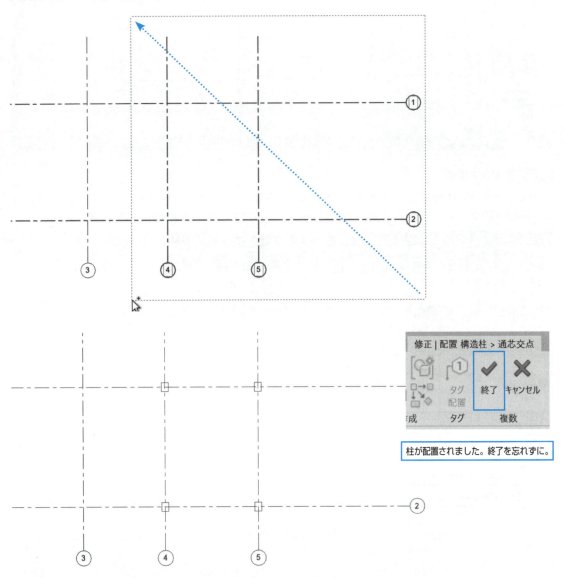

柱が配置されました。終了を忘れずに。

マウスを右から左に移動させると、この範囲に交差するオブジェクトが選択されます。
左から右に移動させると、この範囲の中に全て含まれるオブジェクトが選択されます。

梁も同じように、[通芯位置に] を選択して配置します。操作は、自分で考えてみてください。

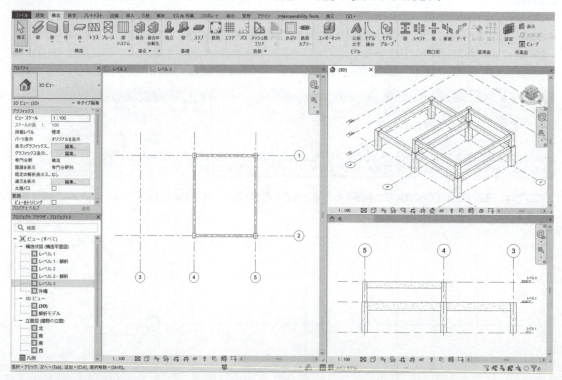

STEP11　基礎を作成

　プロジェクトブラウザの [レベル1] をダブルクリックし、表示を「レベル1」に切り替えます。ここでも、[構造] タブ- [基礎] パネル- [独立] をクリックし、「M_基礎-長方形1800x1200x450mm」を選択し、通芯に配置します。

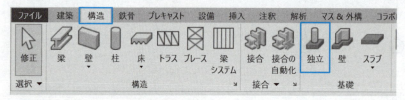

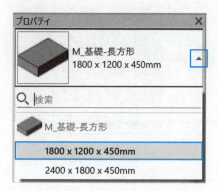

先ほどと同じように、[通芯位置に]を選択して、通芯すべてを選択して、[終了]を押します。

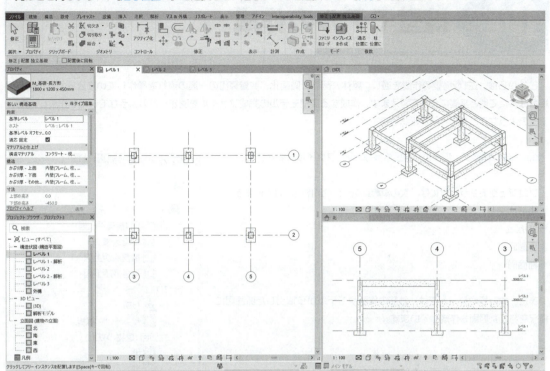

以上で、システムファミリを使用したモデル作成の基本作業は終了になります。

04 擁壁モデルの作成

ここからは、逆T型擁壁の作成を通し、躯体、配筋、図面化、数量算出の一連の流れを操作していきます。この擁壁の場合は、たて壁と基礎に分けて考えます。作成する擁壁モデルの完成ファイルを開き、どのようなモデルを作成し、Revitでどのようなことができるか確認します。

Dataset1¥擁壁フォルダの「**擁壁8_完成.rvt**」ファイルを開きます。

プロジェクトブラウザには、次の4種類のビューが作成されています。
- 構造伏図
- 3Dビュー
- 立面図
- 断面図

また、集計表やシートでは、鉄筋の集計やモデルから抽出した断面図に縮尺を与えた図面も作成しています。

各ビューを選択してモデルを確認してください。

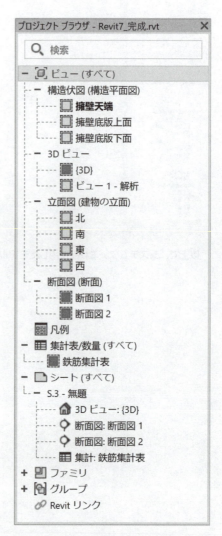

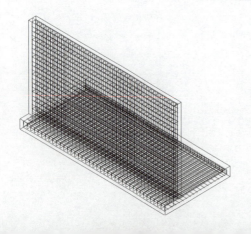

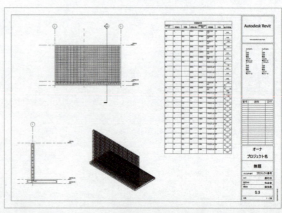

モデル作成

ここでは国土交通省の「土木構造物標準設計2-擁壁類-」から以下に示す逆T型擁壁を作成します。

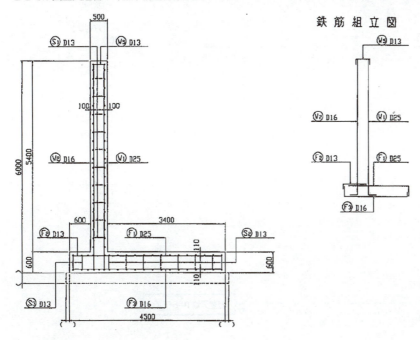

前章で説明した通りモデルを作成するためには、まず「レベル」と「通芯」を作成します。

STEP01　プロジェクトの設定

［ファイル］-［新規作成］-［プロジェクト］を選択します。プロジェクトの新規作成で「構造テンプレート」を選択します。

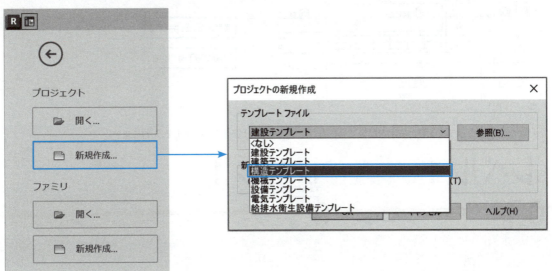

STEP02 レベル1のラベル（表示）変更

プロジェクトブラウザの［立面図-北］をダブルクリックします。作図領域が変更され、レベルが事前に作成されています。

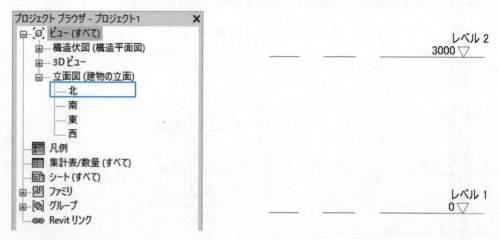

レベルを作成していきます。

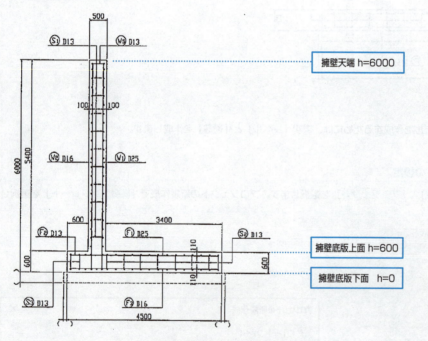

「レベル1」をクリックすると文字を編集することができるので、「擁壁底版下面」と入力します。

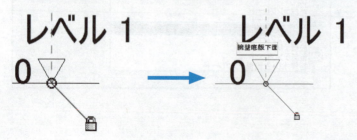

「対応するビューの名前を変更しますか？」とダイアログに表示されるので、[はい]を選択します。プロジェクトブラウザの構造伏図にビューが追加されています。

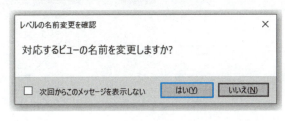
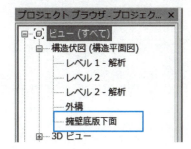

STEP03　レベル2のラベル（表示）変更

同様に「レベル2」を「擁壁底版上面」と入力します。高さ「3000」をクリックして、<600>と入力します。

レベルを追加します。ここで画面を少し小さくしておいてください。

メニューから、[構造]タブ-[基準面]パネル-[レベル]をクリックします。

ここでは、オフセットを使って、レベルを作成します。

STEP04　レベルの追加

[修正｜配置レベル]コンテキストタブ-[描画]の[選択]をクリックします。オプションバーのオフセットに<6000>と入力します。

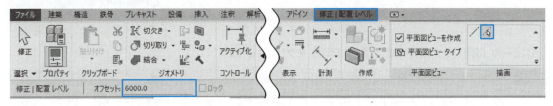

擁壁底版下面にカーソルを移動すると、カーソルの位置によって上側か下側に青色の破線が表示されます。上側に破線が表示されたときにクリックします。

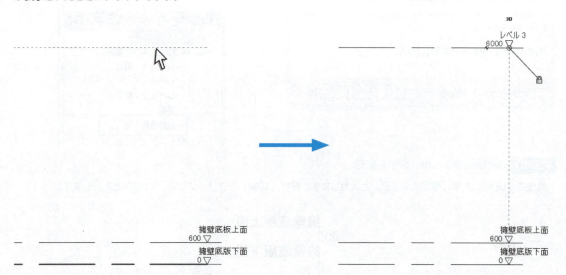

「レベル3」の名前を「擁壁天端」に変更します。

STEP05 通芯の設定

プロジェクトブラウザの構造伏図の［擁壁天端］をダブルクリックします。

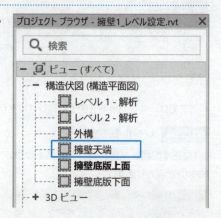

メニューの［構造］タブ-［基準面］パネル-［通芯］をクリックします。

画面の左から右に水平な通芯を1本作成します。

同様に画面の上から下に垂直な通芯を1本作成します。

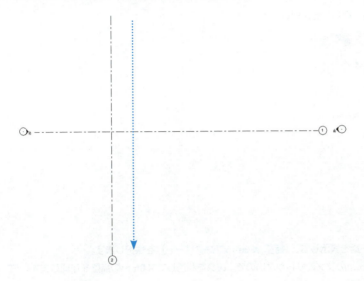

［修正｜配置通芯］コンテキストタブ-［描画］パネル-［選択］をクリックし、オプションバーのオフセットで＜**10000**＞と入力します。

※今回は延長10mの擁壁をモデル化するために＜10000＞と入力します。

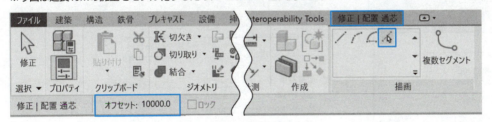

縦方向の通芯の付近にカーソルを移動し、右側に青破線が表示されたらクリックします。

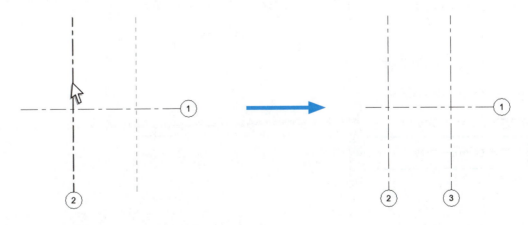

これで基準線の作成は終わりです。

擁壁モデル（躯体）の作成

ここから始める場合は、**Dataset1¥擁壁**フォルダの「**擁壁2_通芯の設定.rvt**」ファイルを開きます。

STEP01 たて壁の作成

プロジェクトブラウザで［構造伏図］-［擁壁天端］をダブルクリックします。

［構造］タブ-［構造］パネル-［壁］-［壁 構造］を選択します。

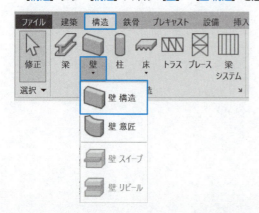

プロパティのタイプセレクタでタイプ一覧を表示して、［擁壁-300mmコンクリート］を選択します。

躯体の厚さは500mmですが、擁壁-300mmのファミリしかないので、これを利用して500mmの擁壁を作成します。［プロパティ］の［タイプ編集］をクリックします。

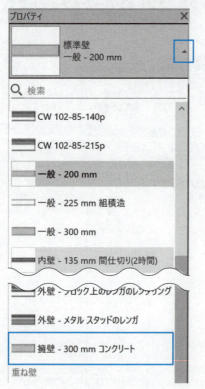
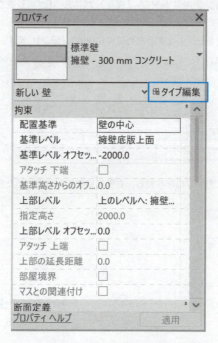

［複製］をクリックし、新しいタイプを作成します。名前を「擁壁 - 500 mm コンクリート」とします。

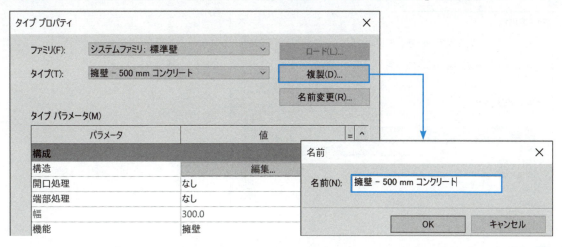

［パラメータ］-［構造］-［編集］をクリックします。構造［1］の「厚さ」を＜500＞に変更します。［OK］をクリックし、作業領域に戻ります。

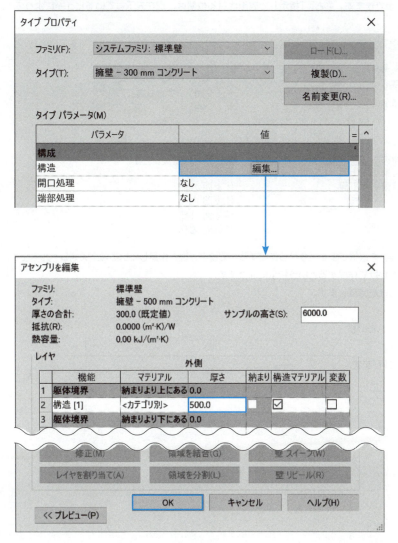

下図のような表示になっていることを確認します。

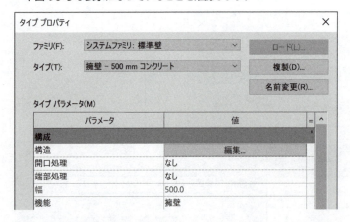

STEP02　たて壁の配置

オプションバーで設定を確認します。「下方向」「指定」「配置基準線」には、以下のような設定項目があり、vマークをクリックすると設定可能な項目を表示できます。なお、「指定」で表示される位置は、現在表示しているビューにより変化します。

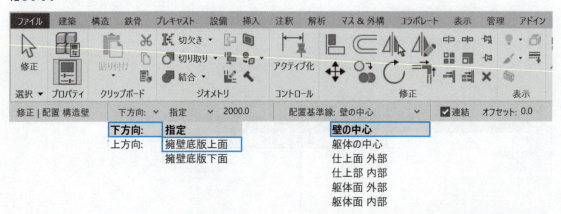

ここでは、「下方向」「擁壁底版上面」を選択します（今から作成するたて壁を、現在作業している擁壁天端レベルを上、擁壁底版上面レベルを下として拘束をかけて作成するという指示になります）。

配置基準線が「壁の中心」であることを確認します。

通芯①と通芯②の交点でクリックし、右に移動して①③との交点をクリックします。
たて壁が作成されれば、**Esc**キーを押します。

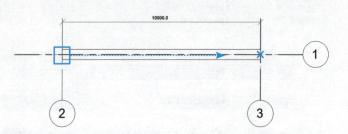

3Dビューで確認します。最初は3Dビューが作成されていないため、[表示]の[3Dビュー]の[既定の3Dビュー]を選択し、{3D}のビューを作成しておきます。

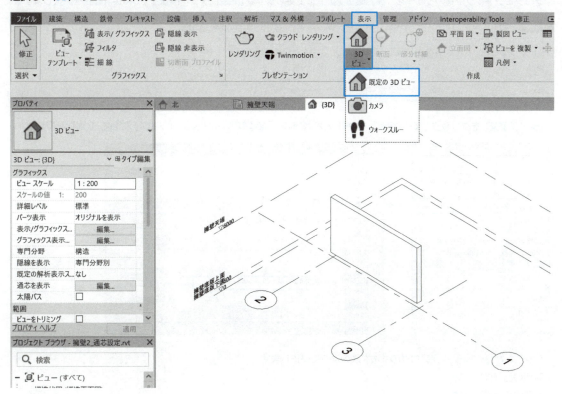

3Dビューではレベルが表示されます。非表示にしたい場合は、[プロパティ]の[表示/グラフィックスの上書き]の[編集]で、[レベル線]のチェックを外します。

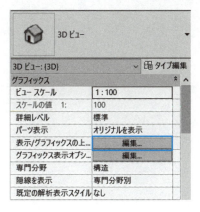
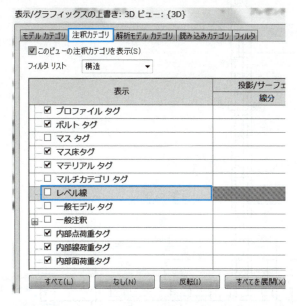

STEP03 底版の作成

プロジェクトブラウザのビューを「擁壁底版上面」に変更します。[構造]タブ-[基礎]パネル-[壁]を選択します。

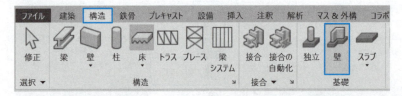

[タイプ編集]をクリックして、[複製]をクリック、名前を「擁壁基礎 – 600 x 3400 x 600」にして[OK]を押します。

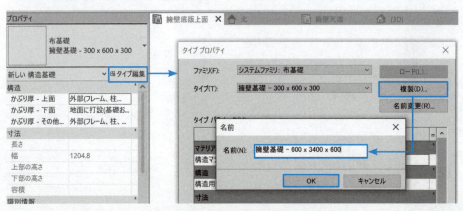

[タイププロパティ]ダイアログの寸法を次のように修正します。

- 基礎の出（外）: **600**
- 基礎の出（内）: **3400**
- 基礎の厚さ: **600**

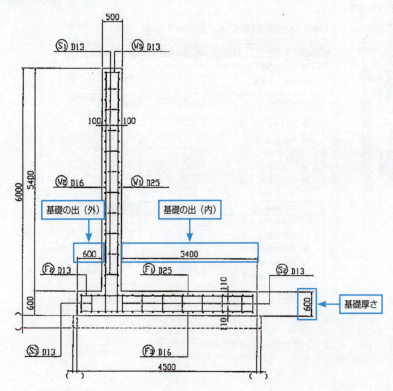

[OK]を選択し、作業領域に戻ります。

作図領域のたて壁をクリックします。

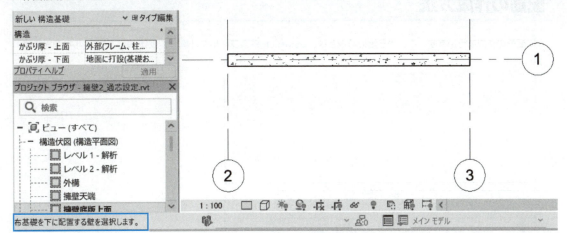

 説明してきませんでしたが、ステータスバーには、ここで行う操作が表示されます。ここでは、「布基礎を下に配置する壁を選択します」と表示されています。

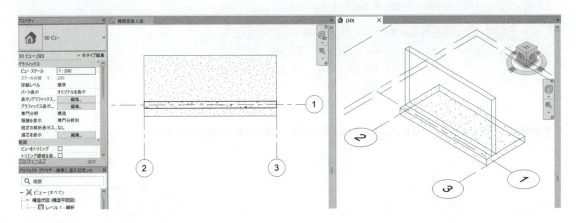

これで底版の作成は終わりです。

配筋の作成方法

次に配筋の作成を行います。ここから始める場合は、Dataset1¥擁壁フォルダ「擁壁3_躯体.rvt」ファイルを開きます。

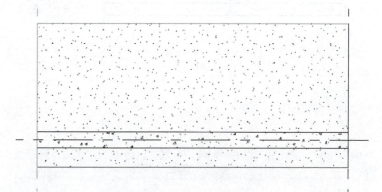

STEP01　断面とかぶり厚設定

鉄筋を配置しやすいように断面図を作成します。その断面図で鉄筋を配置します。

プロジェクトブラウザで「擁壁底版上面」を選択します。

［表示］タブ-［作成］パネル-［断面］を選択します。

作図領域で、❶❷の2点をクリックして、下のように作図したらEscキーで終了します。

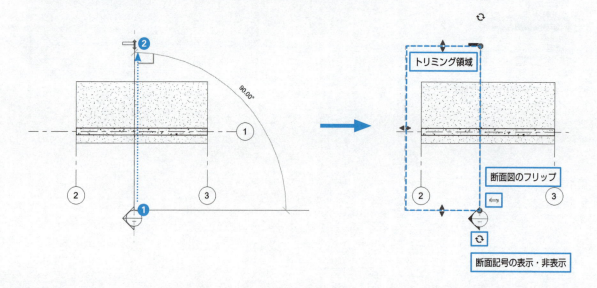

通芯のラベルの表示サイズは、スケールで変更できます。上図は1:100、下図は1:200の例です。下図では、断面記号が表示されていません。これは、断面の表示範囲スケールが1:100となっているためです。

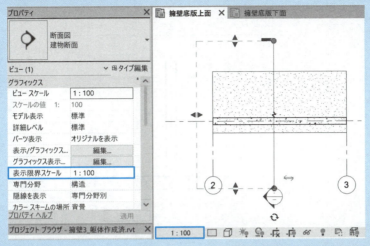

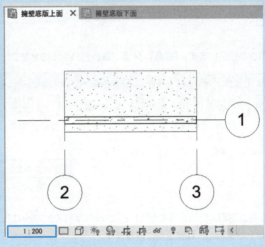

断面位置を設定すると、プロジェクトブラウザに断面図が作成されます。［断面図］を展開し、［断面図1］を選択します。

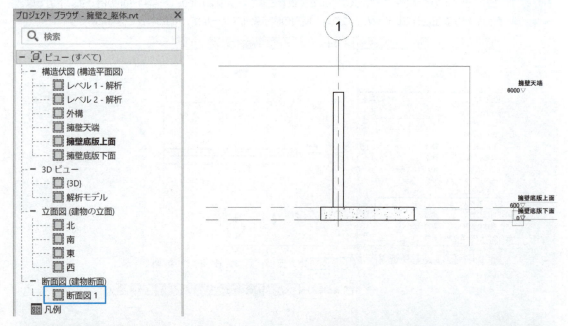

ここで鉄筋のかぶりを設定します。［構造］タブ-［鉄筋］パネルの▼をクリックして、［かぶり厚設定］を選択します。

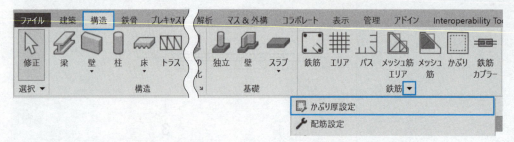

ここでは［追加］を2回押して、「かぶり厚1」と「かぶり厚2」の2つを追加し、設定値を**100mm**、**110mm**とします。設定が終わったら［OK］を選択し、作業領域に戻ります。

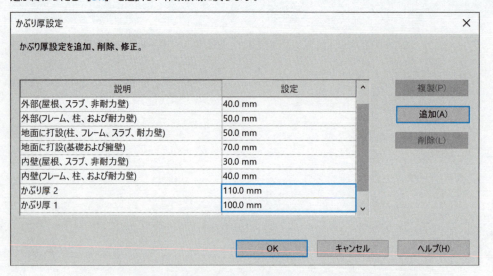

擁壁を選択します。[プロパティ]の[構造]のかぶり厚を変更します。
すべて「かぶり厚1〈100mm〉」に設定します。

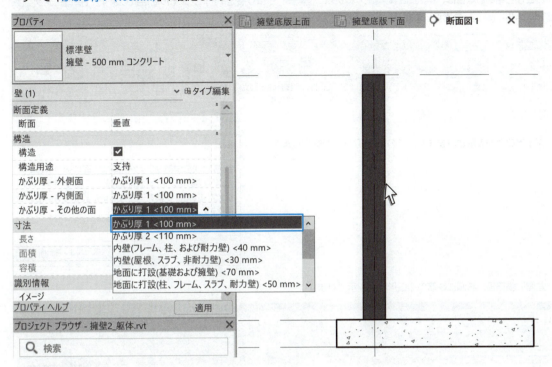

同様に擁壁基礎も下記の通り（上面・下面110㎜、その他100㎜）に変更します。

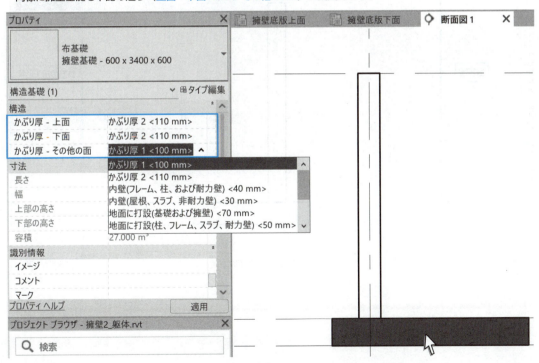

STEP02 鉄筋の配置

ここから始める場合は、Dataset1¥擁壁フォルダの「擁壁4_かぶり設定.rvt」ファイルを選択します。[構造] タブ-[鉄筋] パネル-[鉄筋] を選択します。

ダイアログが表示されますが、そのまま [OK] を選択します。

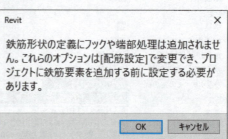

左側に鉄筋径、右側に鉄筋の加工形状が表示されます。

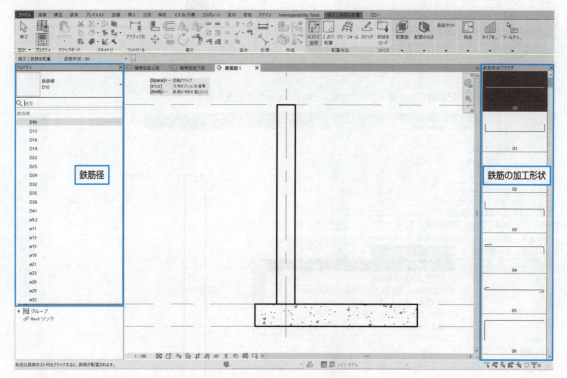

［プロパティ］では「鉄筋棒 D13」、［鉄筋形状ブラウザ］では「鉄筋形状：00」を選択します。

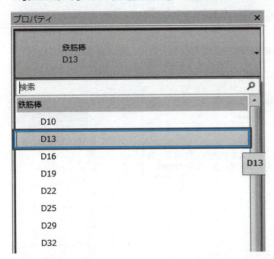

鉄筋の配置は、［配置面］［配置の向き］［鉄筋セット］を使用して設定します。

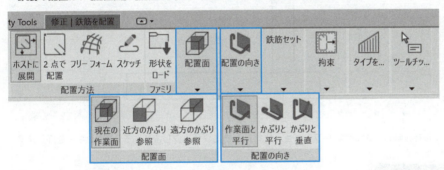

［鉄筋セット］の設定の仕方としては、以下の5つがあります。

レイアウト：単一	レイアウト：固定数	レイアウト：最大間隔
本数：1	本数：3	本数：3
間隔：	間隔：	間隔：152.4 mm
鉄筋セット	鉄筋セット	鉄筋セット

レイアウト：間隔と数	レイアウト：最小間隔
本数：3	本数：2
間隔：152.4 mm	間隔：152.4 mm
鉄筋セット	鉄筋セット

はじめに、擁壁断面に垂直に、最大間隔100mmで配置します。手順は、［修正｜鉄筋を配置］コンテキストタブ-［配置面］パネル-［現在の作業面］、［配置の向き］パネル-［かぶりと垂直］、［鉄筋セット］パネル-［レイアウト］で、「最大間隔」「100mm」とします。

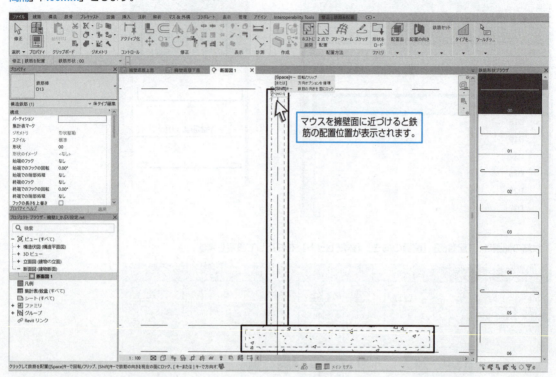

擁壁天端の左上にカーソルを移動し、縦に鉄筋がプレビューされたときにクリックします。そしてEscキーを押します。

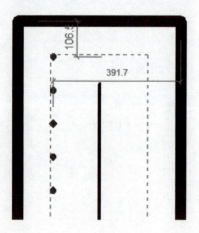

配置した鉄筋を選択し、［修正|構造鉄筋］コンテキストタブ-「鉄筋セット」パネル-［レイアウト］で「最大間隔」を選択し、「250mm」に設定します。

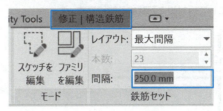

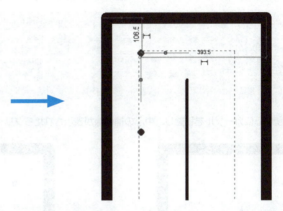

> ここで間隔を変更すると、その間隔で配置できる鉄筋本数がグレーアウトで表示されます（ここでは23本になります）。最大間隔の設定では、最大が250ピッチに近づくように均等に配置します。したがって250ピッチにする場合は、以下の通り設定します。鉄筋を配置する場合は、「最大間隔」でおおむねの数量を把握し、本数を再度設定してください。

- レイアウト：間隔と数
- 本数：22（23本から1本引いた数）

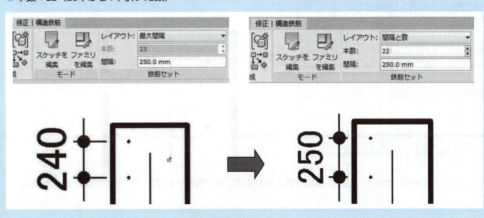

反対側に配置する場合には、同じように右側にマウスを移動させて、クリックすれば配置できますが、ここでは、「鏡像」という機能を使って、反対側に配置してみます。
　鏡像とは、鏡に映すようにして反対側に配置する機能です。

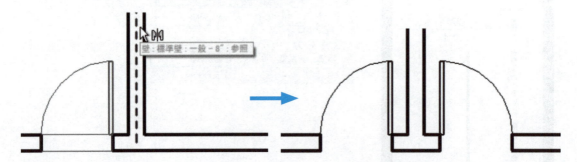

　元となる鉄筋をクリックし、［修正｜構造鉄筋］コンテキストタブ-［修正］パネル-［鏡像化-軸を選択］を選択します。

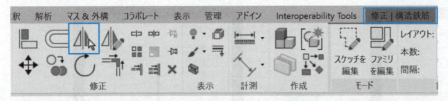

　擁壁たて壁中心にカーソルを移動し、中心の補助線が表示されたらクリックします。

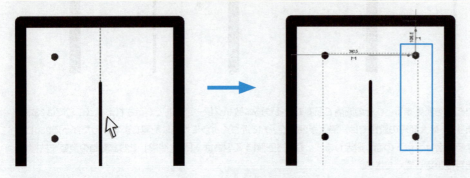

　配力筋右側の鉄筋径を変更します。配力筋右側の鉄筋を選択し、［プロパティ］の［鉄筋棒］のタイプセレクタをクリックして、「D16」を選択します。Escキーを押して選択を解除します。

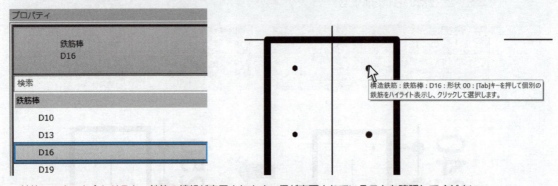

　鉄筋にマウスを合わせると、鉄筋の情報が表示されます。径が変更されていることを確認してください。

STEP03　主鉄筋の配置

主筋方向の鉄筋を配置します。［構造］タブ-［鉄筋］パネル-［鉄筋］-［修正｜鉄筋を配置］コンテキストタブから、［配置の向き］パネルの［作業面と平行］を選択します。

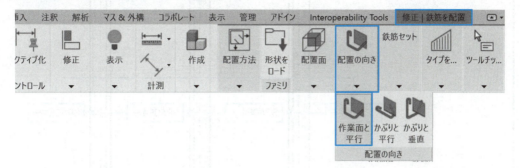

［鉄筋形状ブラウザ］で［鉄筋形状06］、［タイプセレクタ］で［鉄筋棒 D16］を選択し、マウスを配置位置に近づけると、鉄筋が表示されます。

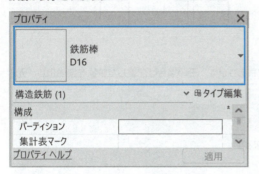

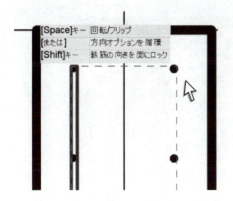

カーソルの位置により、どこに配置するか選択できます。SPACEキーを押すと、以下のように配置を変更することができます。

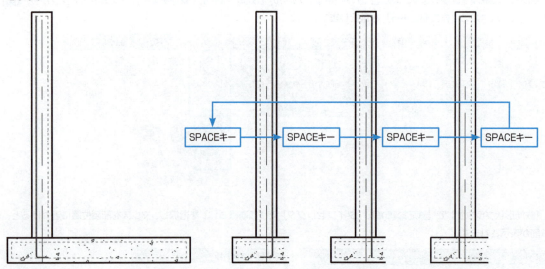

 鉄筋形状はこの状態のまま配置され、方向が逆の場合もあります。その場合は配置した鉄筋を鏡像化し、元の鉄筋を削除します。

手順は次のようになります。

❶ 作成した鉄筋を選択します。
❷ ［鏡像化-軸を選択］を選択し、鉄筋をクリックします。
❸ 元の鉄筋を選択して、Deleteキーで削除します。
❹ 完成です。

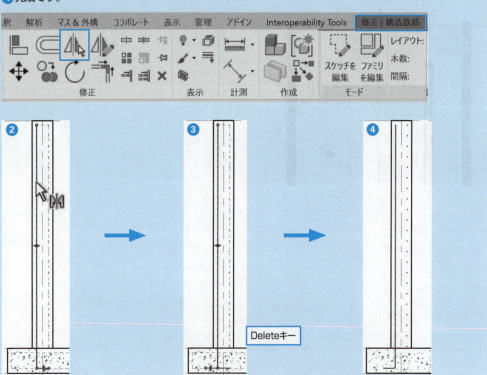

配筋モデルの表示方法

Dataset1¥擁壁フォルダの「擁壁5_3Dビュー.rvt」ファイルを開きます。

STEP01　躯体を非表示にする方法

プロジェクトブラウザの［3Dビュー］で｛3D｝を選択します。躯体（たて壁と底版）を選択し、右クリックして［ビューで非表示］で［要素］を選択します。

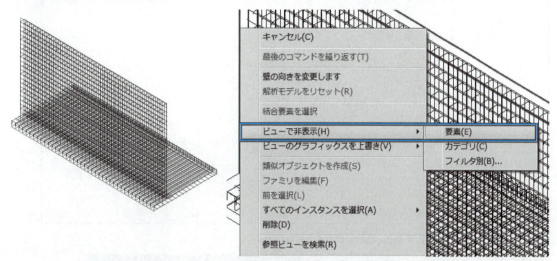

解析モデルを非表示にする場合は、ビューコントロールバーの［解析モデルを非表示］を選択します。

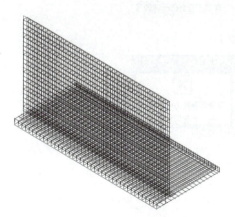

再度、躯体を表示させたい場合は、ビューコントロールバーの［非表示要素の一時表示］を選択します。

躯体の表示を行うためには、ここでCtrlキーを押しながら、たて壁と底版を選択します。

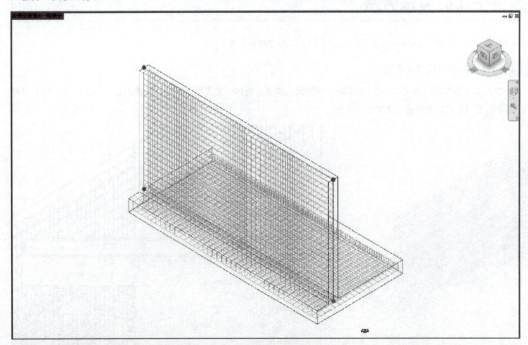

[要素を非表示解除] を選択すると、表示できるようになります。

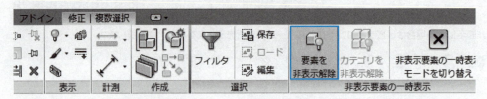

元に戻るには、[非表示要素の一時表示モードを切り替え] を選択します。

このようにして、表示したいもの、非表示にしたいものを選択することができます。

STEP02 鉄筋を太く表示させたり、鉄筋をシェーディングで表示させたりする方法

先ほどの方法で躯体を非表示にします。ビューコントロールバーの［詳細レベル］で［詳細］を選択します。

ビューコントロールバーの［表示スタイル］で［シェーディング］を選択します。

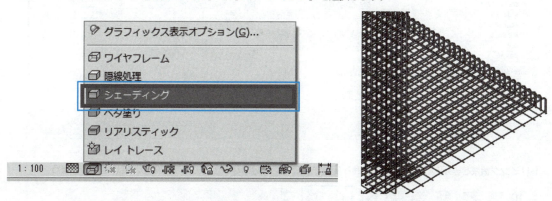

上記の設定をしても実径表示にならない場合は、次の設定をします。

Escキーを押して選択は解除し、何も選択していない状態にします。プロジェクトブラウザで｛3D｝を選択し、プロパティの［表示/グラフィックスの上書き］の［編集］を選択します。

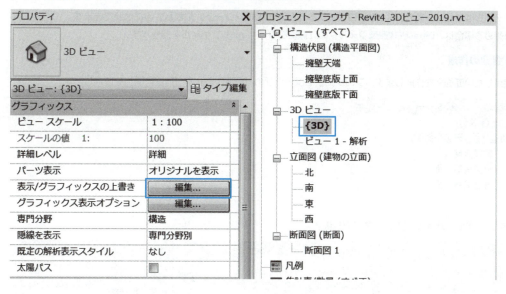

[構造鉄筋］の［詳細レベル］を［ビュー別］にします。

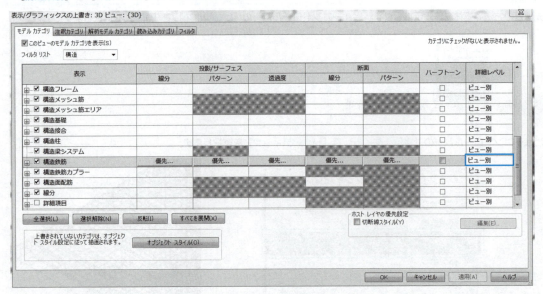

トリミング領域を表示し、トリミング範囲を変更することで部分的な表示ができますので、試してみましょう。

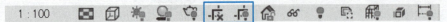

モデルから2D図面の作成

作成したモデルは各ビューをドラッグ&ドロップすることで2D図面（シート）に表示することができます。
ここから始める場合は、Dataset1¥擁壁フォルダの「擁壁6_シート.rvt」ファイルを開きます。

STEP01 断面の作成

図面に表示したい断面図を作成します。プロジェクトブラウザの［構造伏図］で［擁壁天端］を選択します。

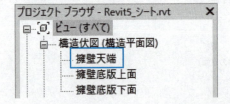

［表示］タブ-［作成］パネル-［断面］を選択します。

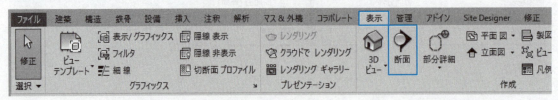

画面で擁壁を背面から見るように矢印の方向で作成します。

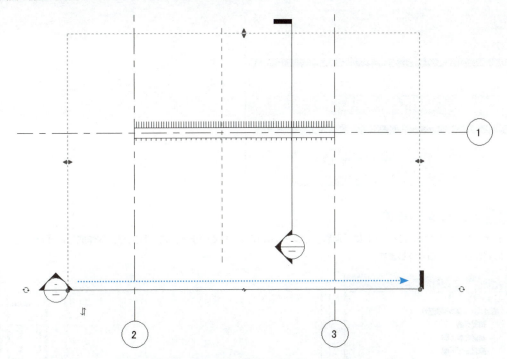

プロジェクトブラウザの［断面図］で［断面図2］を選択し、確認してください。

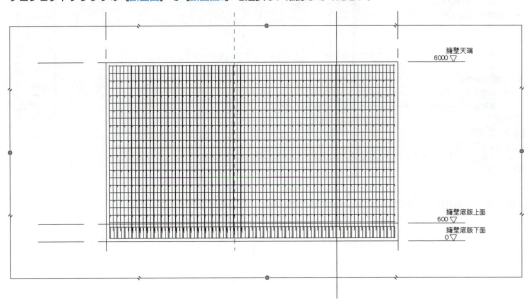

STEP02　シートの作成

この断面を図面に表示させます。［表示］タブ-［シート構成］パネル-［シート］を選択します。

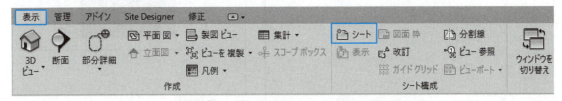

図面枠を選択し、[OK]を選択します。シートビューが表示されます。

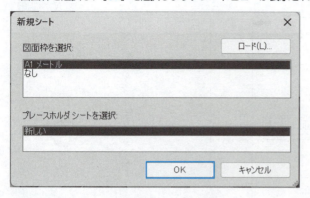

STEP03 オブジェクトの配置

プロジェクトブラウザの「シート」に「無題」のシートが作成されています。この状態で先程作成した「断面図2」をシートにドラッグ&ドロップします。

次の図のように画面に「断面図2」がコピーされるので、配置したい場所でクリックします。

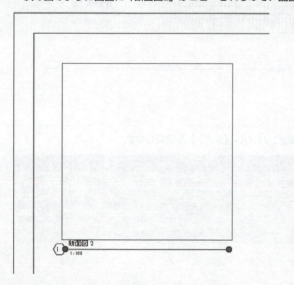
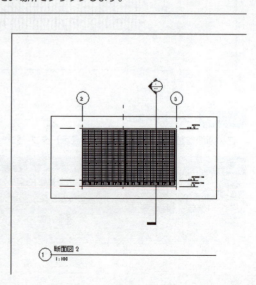

STEP04 ビューの設定を編集

　ビューの設定を編集します。まずは「断面図2」というタイトルを非表示にしてみます。ビューポートが選択されていない場合は、ビューポートをクリックします。

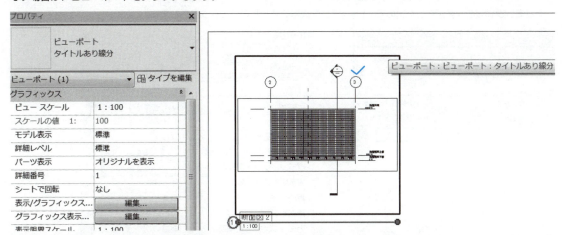

　タイプセレクタにビューのタイプが表示されているので、これを選択して［要素プロパティ］で［タイトルなし］を選択します。これでタイトルが非表示になります。

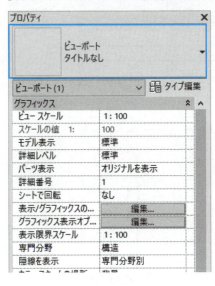
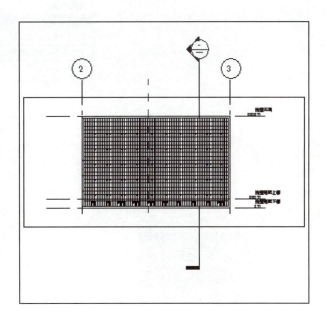

STEP05 ビュー縮尺の変更

ビューの縮尺変更を行います。プロパティの［ビュースケール］の縮尺を「1:50」に変更します。モデルが拡大表示されるので、ビューポートをドラッグし、位置を調整します。

トリミング領域を非表示にしたいので、［トリミング領域を表示］のチェックを外します。

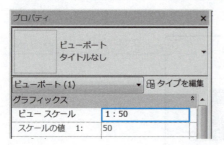
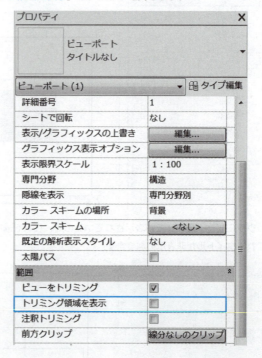

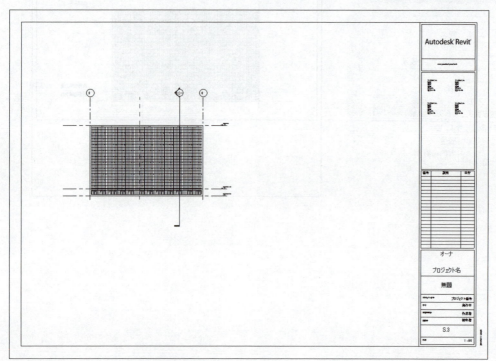

シートに戻るには、**Esc**キーを押すか、ビューポート以外の空いている場所をクリックします。

このようにさまざまなビューをドラッグ＆ドロップで表示でき、簡単に縮尺の変更ができます。

 現在、選択されているオブジェクトは、タイプセレクタに表示されます。

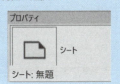 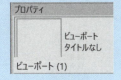 

　　何も選択されていない　　　　ビューポートを選択　　　　ビューをアクティブ化

 シートに配置した後で、オブジェクトを編集したい場合は、マウスを右クリックして、［ビューをアクティブ化］を押します。
解除する場合は、右クリックして［ビューをアクティブ解除］を押します。

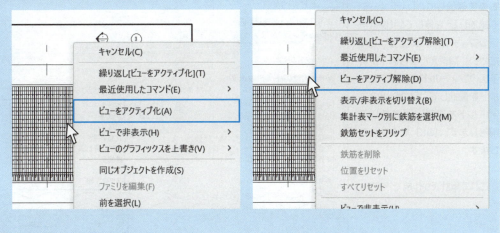

鉄筋表の作成

ここでは鉄筋表の作成を行います。ここから始める場合は、Dataset1¥擁壁フォルダの「擁壁7_鉄筋表.rvt」ファイルを開きます。

STEP01　集計表の作成

［表示］タブ-［作成］パネル-［集計］-［集計表／数量］を選択します。

STEP02　集計項目の選択

［カテゴリ］から［構造鉄筋］を選択して［OK］をクリックします。

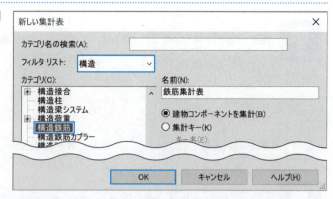

［フィールド］タブで［使用可能なフィールド］から必要なものを選択して、［パラメータを追加］を押して、［使用予定のフィールド］に追加してください。間違えた場合は、使用予定のフィールドで削除フィールドを選択して、［1つ以上のフィールドを削除］を押して削除します。［OK］をクリックします。

これで集計表が作成できます。

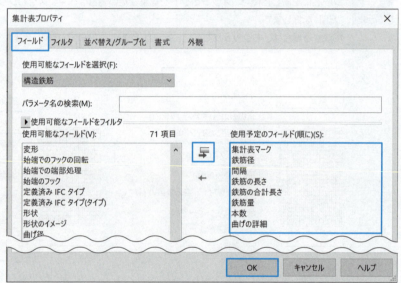

> 「曲げの詳細」を選択すると、鉄筋の曲げ形状を表現できますが、シートで表示しないと、形状は表示されません。

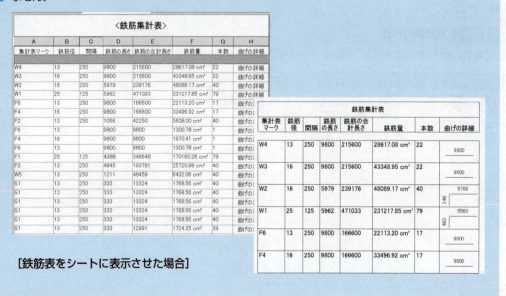

［鉄筋表をシートに表示させた場合］

グループ化された配筋の操作

「断面図1」を開きます。以下のように、先に作成した鉄筋間隔などを指定して作成された鉄筋は、グループとして一緒に移動します。干渉している鉄筋だけを移動したい場合は、個別に移動させる必要があります。ここでは、グループ化された配筋の一部を移動させる方法を解説します。

移動させたい鉄筋をクリックします。［修正|構造鉄筋］コンテキストタブ-［カスタマイズ］パネル-［鉄筋を編集］をクリックします。

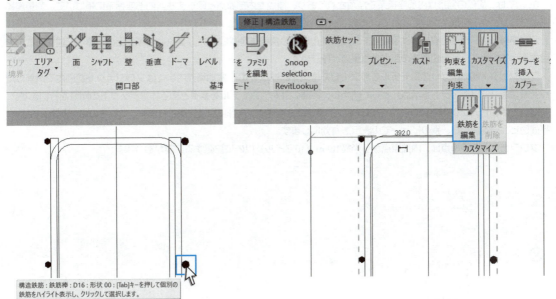

移動したい鉄筋をドラッグして、必要な位置に移動します。

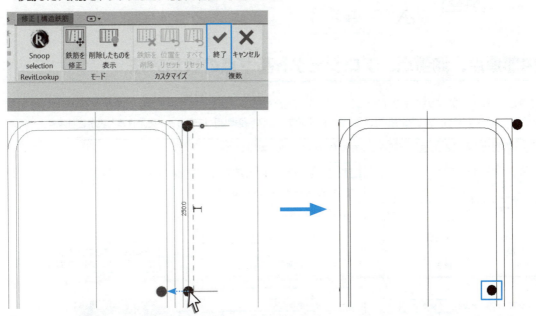

修正が終わったら、［終了］を押します。

05 座標の確認

Revitの座標系

Revitでは、実際の図形は内部座標系で描画されており、原点を内部原点と呼びます。内部座標系に基づいて、測量座標系とプロジェクト座標系が設定されています。

測量座標系は、現実世界における建物モデルの周辺環境の情報を提供します。これは地表面上の位置を記述することを目的としています。測量座標系の原点を測量点と呼びます。

プロジェクト座標系は、建物モデルを基準にして位置を記述します。敷地境界内またはプロジェクト範囲内で選択した点を基準点（プロジェクト基準点）として使用し、距離の計測や、モデルを基準とするオブジェクトの配置を行います。

既定では、モデルの新規作成時に、プロジェクト基準点と測量点が内部原点に配置されます。これらの点を確認するには、平面図ビューを開くか、別のビューでの表示を有効にします。

プロジェクトの基準点は、内部原点から半径16km（10マイル）以内に配置する必要があります。

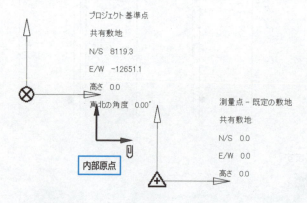

内部原点、測量点、プロジェクト基準点の表示方法

標準では、ビューのプロパティの［グラフィックス］-［表示/グラフィックスの上書き］の［編集］をクリックして、［モデルカテゴリ］-［外構］の［内部原点］、［測量点］、［プロジェクト基準点］にチェックを入れると表示されます。

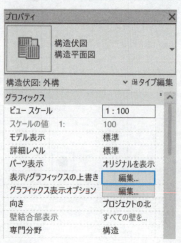
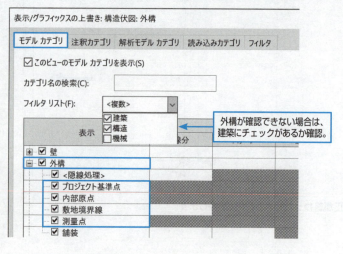

05　座標の確認

では、先ほど座標設定した図面がどのように表示されているか確認してみましょう。
Dataset1¥座標フォルダの「建築サンプル意匠位置合わせ済み.rvt」を開きます。
［表示/グラフィックの上書き］を表示すると、以下のようにグレーアウトされてチェックできません。この図面は、ビューテンプレートという機能を用いて作成されており、こうした表示/非表示の設定が管理されています。いったん、この表示を閉じます。

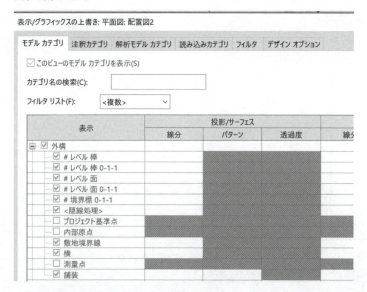

［表示］タブ-［グラフィックス］パネル-［ビューテンプレート］-［ビューテンプレート管理］をクリックします。

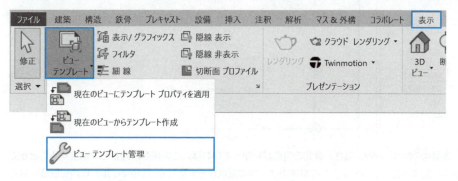

「09_配置_標準」を選択し、［V/Gはモデルに優先］の［編集］をクリックして、［外構］の測量点、プロジェクト基準点にチェックを入れ表示します。

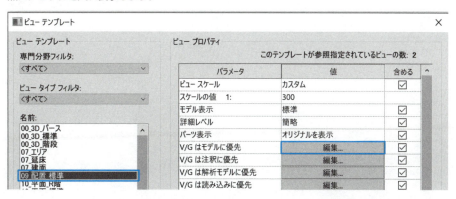

測量点、プロジェクト基準点が以下のようになっていることを確認してください。

2つの点は重なっています。はじめにこの位置にマウスを合わせると、「外構：プロジェクト基準点」と表示され、Tabキーを押すと「外構：測量点」と表示されます。各々の表示時にクリックすると、プロパティに値が表示されます。

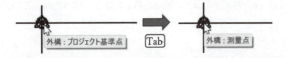

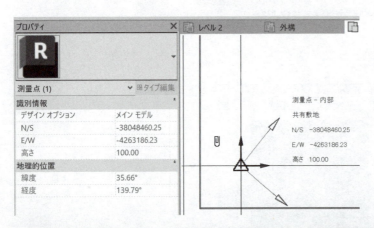

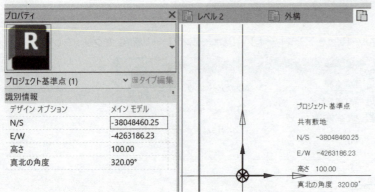

ここで示すように、測量点のN/S、E/W、高さ、真北の角度がわかっていれば、この値を入力して、設定することができますが、はじめに説明したように、プロジェクトの基準点は、内部原点から半径16km（10マイル）以内に配置しなくてはならないので、座標を設定するには、以下に示す2つの方法のいずれかを用いて設定します。

06 座標の設定1：Shared Reference Point Tool

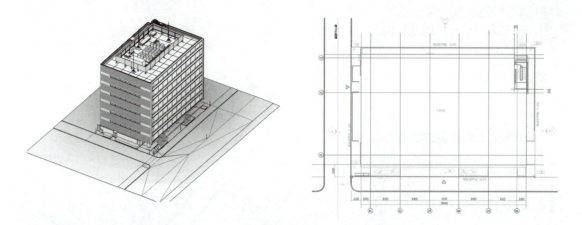

Civil 3Dでの操作

Civil 3Dにおいて、Revitで作成したファイルを読み込む際にプロジェクトの位置を指定する手順を説明します。プロジェクトの位置の設定は、図面の座標系を設定することで行うことができます。

STEP01　設定ファイルの読み込み

ここでは、Revitの敷地を読み込んで位置合わせを行った**Dataset1¥座標**フォルダの「**建築サンプル-配置図座標付き.dwg**」ファイルを読み込みます。

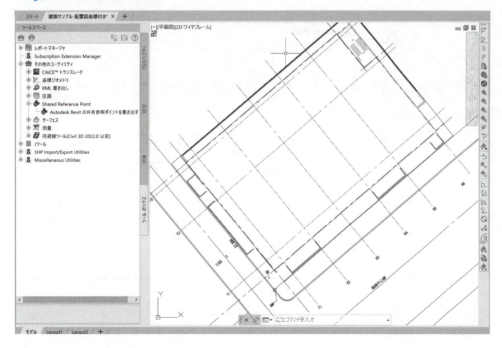

STEP02　Shared Reference Point

［ツールスペース］-［ツールボックス］-［その他のユーティリティ］を展開し、さらに［Shared Reference Point］も展開して、［Autodesk Revitの共有参照ポイントを書き出す］で右クリックし、［実行］をクリックします。

［Select ORIGIN Point］と表示されるので、下図の〇の交点をクリックします。

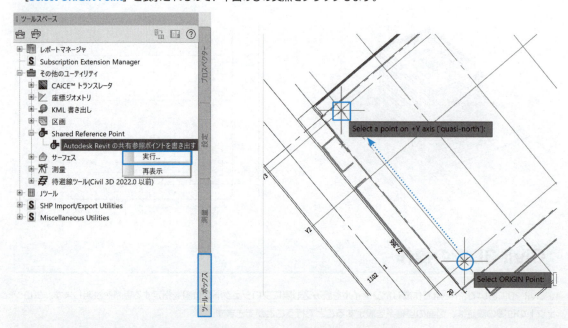

続いて、［Select a point on +Y axis］と表示されるので、□の点をクリックします。

指定した位置の座標が表示されるので、読み込んだ図面に設定されている長さの単位が「Meters」になっていることを確認して、［OK］を押します。［名前を付けて保存］で、「MySharedRefPnt.xml」として読み込んだファイルと同じ位置に保存します。

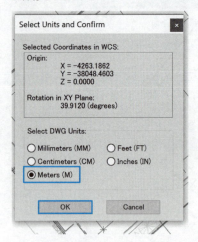
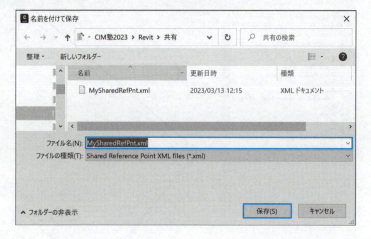

Revitでの操作

STEP01　作成したモデルを開く

位置合わせを行うRevitモデルのファイルを開きます。ここでは、**Dataset1¥座標**フォルダの「**建築サンプル意匠位置合わせ用.rvt**」ファイルを読み込みます。「**09_配置**」の平面図「**配置図2**」を開きます。

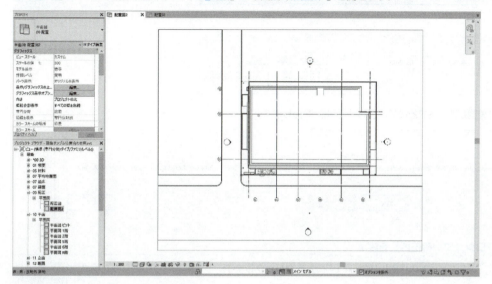

STEP02　【Shared Reference Point】

［アドイン］タブ-［Shared Reference Point］パネル-［Import Shared Coordinates from XML file］をクリックします。

左下に「Select ORIGIN Point to align to」と表示されているので、先ほどCivil 3Dで指定した点に対応する位置をクリックします。

続いて、左下に「Select a Point on +Y（Up）Direction to align to」と表示されるので、対応する点をクリックします。

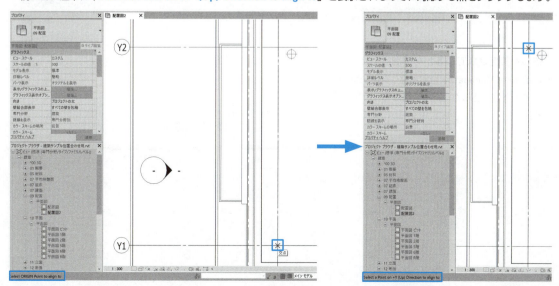

先ほど保存した「**MySharedRefPnt.xml**」ファイルを開きます。

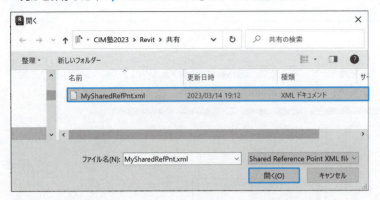

以下のような確認が表示されるので、[はい][OK]を押します。

STEP03 [プロジェクトの位置]を設定

[管理]タブ-[プロジェクトの位置]パネル-[場所]をクリックします。

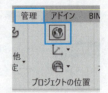

[場所および敷地]から、[敷地]タブを押して、先ほど読み込んだXMLファイルの名前をクリックし、[現在の値にする]を押します。

以下のような表示に変わります。

プロジェクトの北から真北までの角度(A):

39° 54' 43"　東

正しく設定されているかを確認するためには、Navisworks Manageに、位置指定したRevitとDWGファイルを読み込んで、正しく重なることを確認します。

07 座標の設定2：Geo-Reference

Revitに直接、座標を設定することができます。その手順は以下の通りです。
① 座標を設定したいRevitファイルを開きます。
② 座標の設定されているdwgファイルを「CADリンク」コマンドで読み込みます。
③ 読み込んだCADファイルを移動して、Revitファイルに合わせます。
④ ［管理］タブ-［座標］パネル-［座標取得］で座標を取得します。

はじめに、座標を設定するRevitファイルである**Dataset1¥座標**フォルダの「**建築サンプル意匠位置合わせ用.rvt**」を読み込みます。「**09_配置**」の「**平面図-配置図2**」を開きます。

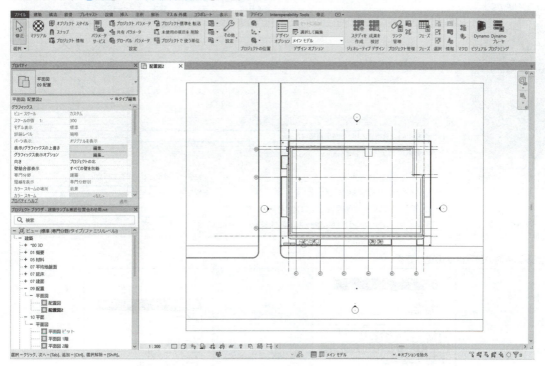

座標の設定されたCAD（dwg）ファイルの読み込み

［挿入］タブ-［リンク］パネル-［**CAD**リンク］をクリックして、座標系を設定してあるdwgファイル「建築サンプル-配置図座標付き.dwg」を読み込みます。

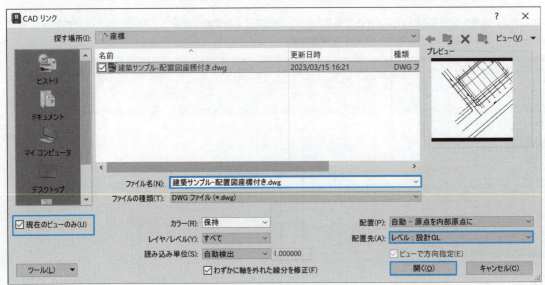

読み込み時の設定は次の通りです。

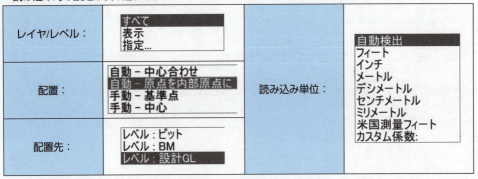

　一般的には自動的に判別してくれますが、うまくいかないときはパラメータを変更してください。特に、読み込み単位はサイズに影響するので、必ず確認してください。
　また、dwgファイルの中に複数のレイヤがある場合は、「指定」とすると読み込んだ後にレイヤを指定できます。
　配置する高さは、配置先で指定しているレベルになります。実際の高さとは異なる場合が多いので、後で修正する必要があります。
　［現在のビューのみ］にチェックを入れておくと、読み込んだファイルの位置を「背景」「前景」として変更できるので、チェックしておいてください。

ここでは、[現在のビューのみ]にチェックを入れて、読み込みます。

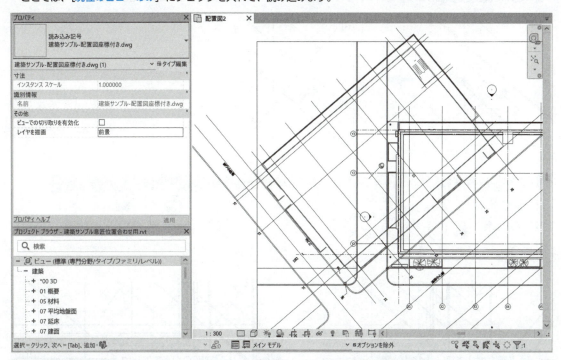

これで、読み込んだCADファイルの全体が表示されました。

図形の位置合わせ

読み込んだCAD図面をクリックして、Revitの図形と重なるように、移動、回転を行います。

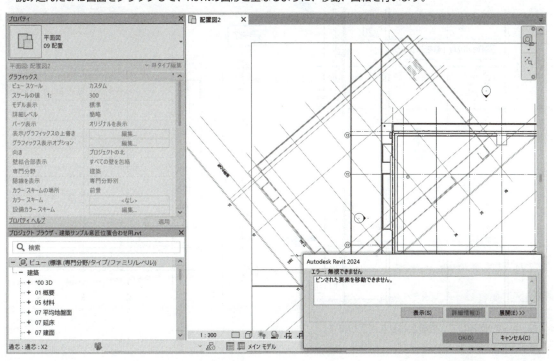

読み込んだ状態では図面がロックされているので、「ピン」マークをクリックして、ロックを解除します。

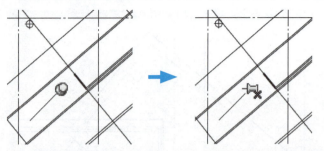

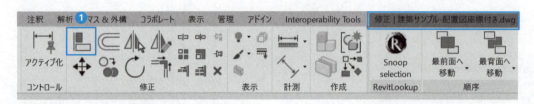

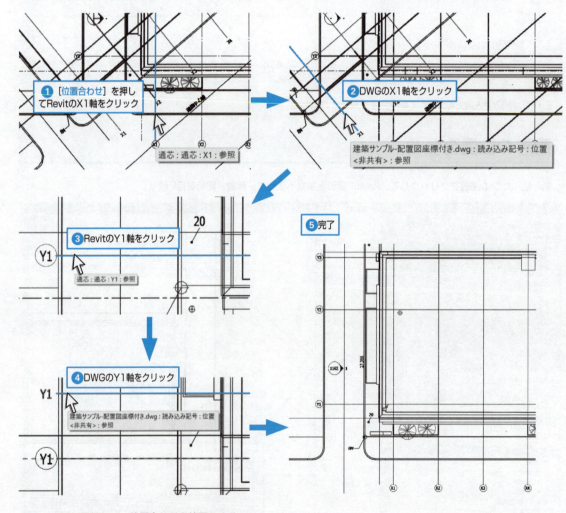

Escキーを2回押して、位置合わせを終了します。

07　座標の設定2：Geo-Reference

座標の取得

［管理］タブ-［プロジェクトの位置］パネル-［座標］-［座標取得］をクリックし、CADリンクで読み込んだ図形を選択します。

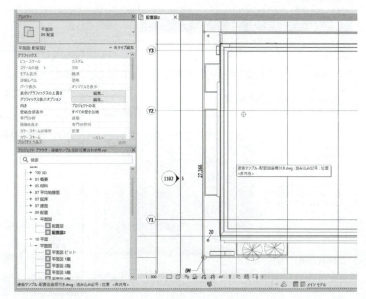

設定が完了すると、次のようなメッセージが表示されます。CADリンクで読み込んだ図面の座標系となっているかを確認してください。

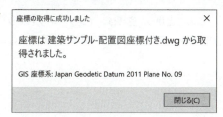

座標位置の確認

［管理］タブ-［プロジェクトの位置］パネル-［場所］タブをクリックすると、以下のように座標値を表示します。

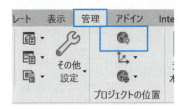
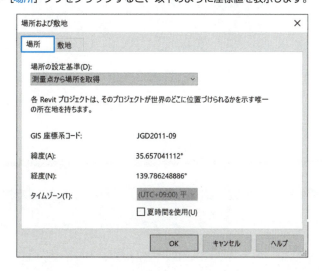

［場所の設定基準］のvをクリックすると、表示を変更できます。また、［敷地］タブをクリックすると、プロジェクトの真北からの角度を確認できます。

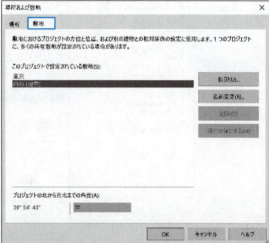

このことから、座標は、インターネットマッピングサービスで位置を指定するか、緯度経度を指定すればよいことがわかります。また、真北からの角度を指定することで、プロジェクトの位置を確定できます。

第2章 ファミリ作成

▶ **01** ファミリの種類

▶ **02** 基本的な作成方法

▶ **03** ファミリの作成位置とプロジェクトでの配置位置

▶ **04** 橋脚のためのファミリ作成

▶ **05** さまざまなファミリ

01 ファミリの種類

Revitのファミリには、以下のような3種類があります。

ファミリの種類	内容
システムファミリ	Revitにあらかじめ組み込まれている壁、屋根、床などのホスト要素です。また、レベル、通芯、シートおよびビューポートなどの要素も含まれます。
ロード可能なファミリ	ドアや器具などの建物コンポーネント、注釈要素のような、モデルとは独立して作成され、必要に応じロードされる要素です。通常は、システムファミリによってホストされます。たとえばドアや窓は、壁ファミリによってホストされます。
インプレイスファミリ	モデルのコンテキスト内で作成するカスタム要素です。再利用を想定しない独自のジオメトリの場合に、インプレイスファミリを作成します。

システムファミリは、システムに組み込まれているため、新しい種類を作成できません。インプレイスファミリは、上記のように再利用しないため、作成するのはロード可能なファミリです。

ファミリを作成する場合は、ファミリのテンプレートを利用します。土木用途のファミリ作成で利用するのは、主に以下のテンプレートです。

種類	使用方法
プロファイル	断面形状を作成するものをプロファイルと呼びます。スイープとの組み合わせで使われます。
一般モデル	何にも属さない一般的なパーツです。
構造フレーム	梁部材、構造解析を含みます。
構造基礎	基礎部材、構造解析を含みます。
柱 構造	柱部材、構造解析を含みます。
柱	柱部材のみです。

このほかにRevit 2025では、以下のような種類のテンプレートが用意されています。

構造スチフナ	造作工事	植栽	電話装置ホスト
構造トラス	駐車場	衛生器具	特殊設備
構造鉄筋カプラー	ドア	窓	片側照明器具
鉄筋カプラー	トリム付き窓	データパネル	スポットライト器具
鉄筋形状テンプレート	家具	データ装置	火災報知器装置
RPC	家具システム	機械設備	詳細項目
コンセプトマス	手摺	照明器具	点景
カーテンウォールパネル	手摺子	電気器具	分割プロファイル
カーテンパネル	ダクト	電気設備	図面枠
外構	ダクト置換	電話装置	注釈

02 基本的な作成方法

モデルを作図（スケッチ）して作成する方法（押し出し、編集）

下図のような図形をファミリにしてみましょう。

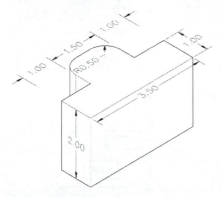

STEP01 新規作成

［ファミリ］-［新規作成］をクリックします。どのテンプレートを使用するかが重要ですが、まずは「一般モデル(メートル単位).rft」を利用してみます。

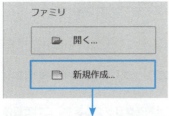

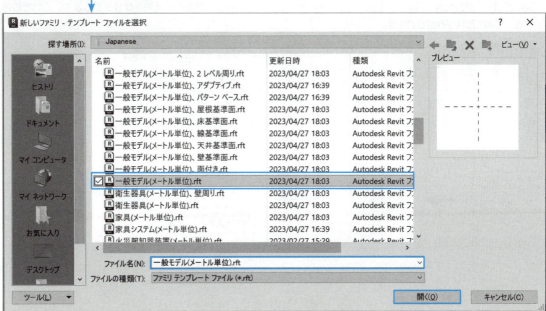

STEP02 押し出し

［作成］タブ-［フォーム］パネル-［押し出し］をクリックして、順次寸法に合わせて線分を作成すればよいのですが、ここでは、「鏡像化」を使うために、下図のようにプロットして、終了したらEscキーを押します。

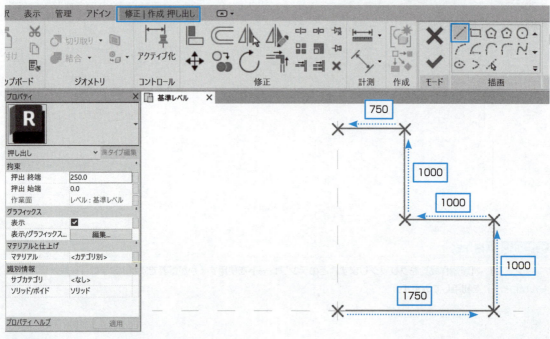

STEP03 フィレット円弧、鏡像化

［フィレット円弧］をクリックして、上側の線を2本クリックし、半径500あたりでクリックします。半径が**500**になっていない場合は、値をクリックして500にします。

次に作図した線分全体を選択し、［鏡像化―軸を選択］をクリックして、対象となる軸をクリックします。これで鏡像ができ、目的の形状が作成されます。

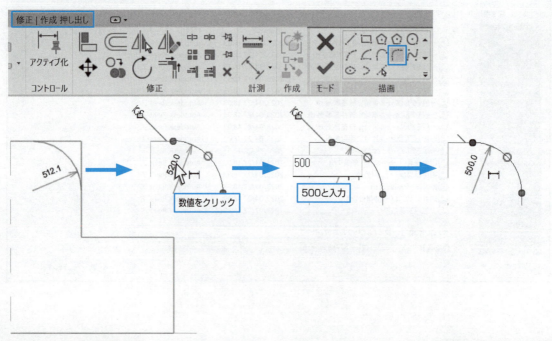

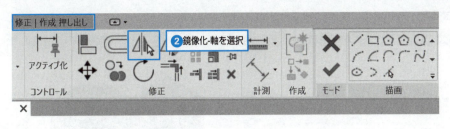

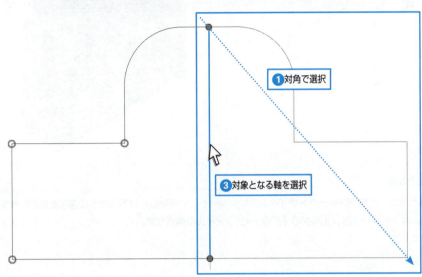

STEP04 押出終端の設定

高さを合わせるために、[押出終端] の値を「2500」に変更し、[編集モードを終了] ✔ をクリックします。

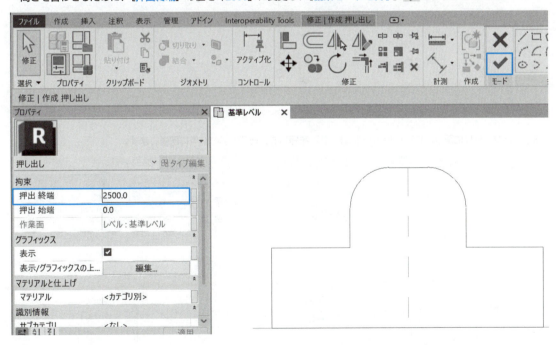

を押して3Dで表示すると、右図のようになっていることがわかります。

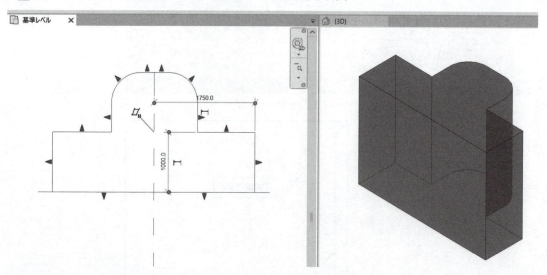

STEP05　ファミリの動作確認

ファミリのテストをするために、新規プロジェクトを「構造テンプレート」で開始し、以下のように通芯を設定します。わからない場合は、Dataset2¥ファミリ作成フォルダの「配置.rvt」ファイルを開きます。

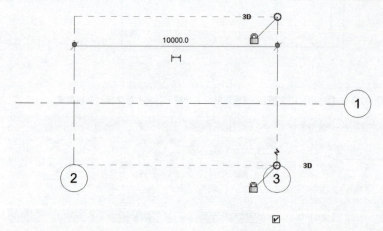

作成したファミリに戻り、[プロジェクトにロード]を押して、通芯①②の交点に配置します。

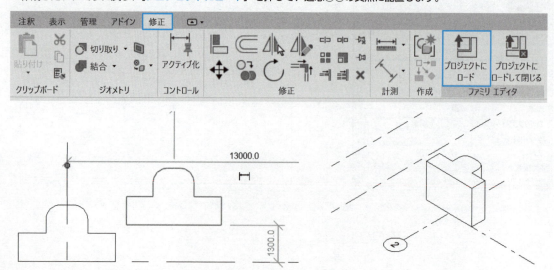

うまく配置できていれば、ファミリは正しく作成されています。

 始点をクリックして（❶）、水平に移動させた状態で数値を入力すると（❷）、その値の長さになります。

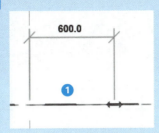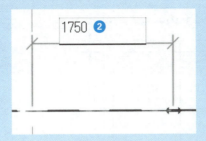

 始点を別の点からの距離で指定することもできます。まず、別の点からマウスを移動させて寸法が表示された状態（❶）で数値を入力すると（❷）、その位置が始点となります（❸）。続けてマウスを移動させクリックすると（❹）、線分となります。

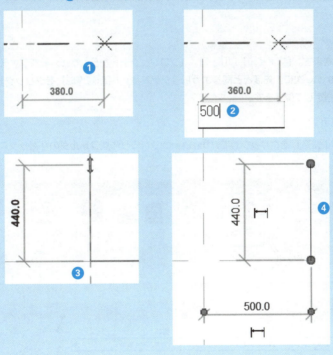

CADファイルを利用する方法（CAD読込、ボイド）

次に、以下のようなボックスカルバートを作成してみましょう。

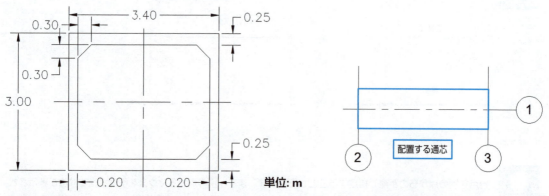

先ほどと同じように、Revitの作図機能を利用してもよいのですが、ここではAutoCADで作図されたdwgファイルを使って作成してみましょう（[CAD読込]）。内側は空洞になります。モデルを切り取るためには、[ボイドフォーム]を利用します。

STEP01　プロジェクトの読み込み

配置するプロジェクトを開いておきます。[ファイル] - [開く] - [プロジェクト]から、**Dataset2¥ファミリ作成**フォルダの「配置.rvt」ファイルを開きます。次に、先ほどと同じように[ファミリ] - [新規作成]をクリックし、「一般モデル(メートル単位).rft」ファイルを指定して開きます。

STEP02　CADファイルの読み込み

[挿入]タブ-[読込]パネル-[CAD読込]をクリックして、**Dataset2¥ファミリ作成**フォルダの「ボックスカルバート.dwg」ファイルを読み込みます。

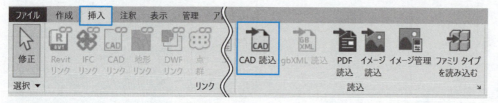

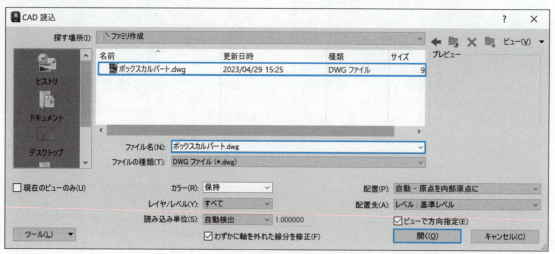

STEP03 位置合わせ

読み込んだdwgファイルの位置を中心に合わせます。読み込んだ図形をクリックすると、以下のように表示されます。ピンマーク(🔘)が表示される場合は、移動できないのでクリックして外します(🔘)。

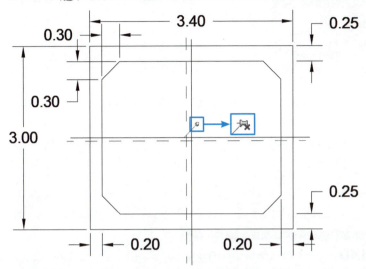

［修正|ファミリへの読み込み］コンテキストタブ-［修正］パネル-［移動］をクリックして、dwg図形の中心を、基準レベルに合わせます。

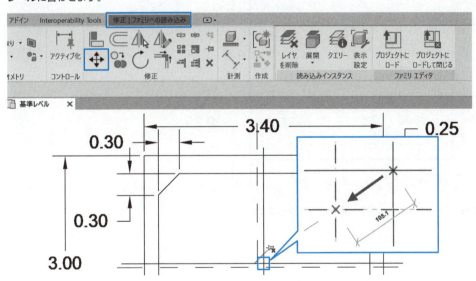

STEP04 外形の設定

［作成］タブ-［フォーム］パネル-［押し出し］をクリックします。

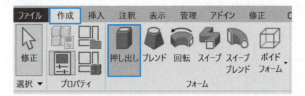

そして［修正|作成 押し出し］コンテキストタブ-［描画］パネル-［選択］をクリックして、カルバートの外形の4つの線をクリックします。

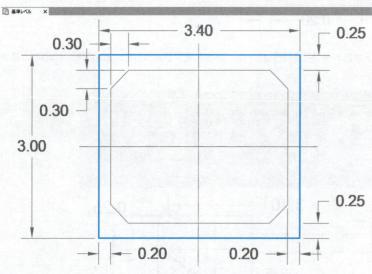

選択が終わったら、［編集モードを終了］ ✓ をクリックします。

STEP05　内空間の設定

同じように、[作成] タブ-[フォーム] パネル-[ボイドフォーム(押し出し)] をクリックして、先ほどと同じように、内側の線分8本をクリックして、[編集モードを終了] ✓ をクリックします。

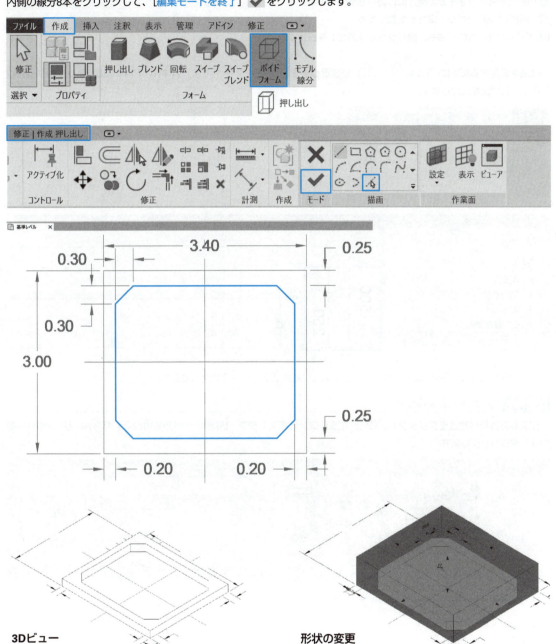

3Dビュー　　　　　　　　　　　　　　　形状の変更

3Dビューで形状を確認しましょう。外側をクリックして、押し出し寸法を大きくしても、右図のように、外側だけが変更され、内側のボイドフォームは、変更されません。

STEP06　パラメータの設定

外形とボイドフォームを同じように形状を変更するためには、以下のようにします。
① 外側とボイドフォームの高さに、各々寸法値を設定する
② 外側の寸法にラベル「高さ」を設定する
③ ボイドフォームの寸法も、同じラベル「高さ」を設定する

寸法を設定するために、[立面図] - [右] を表示します。[注釈] タブ- [寸法] パネル- [平行寸法] をクリックし、以下のように寸法を設定します。

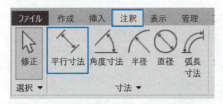

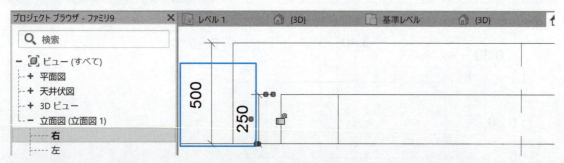

高さが同じ場合は、設定しにくいので、上記のように高さを変えてから設定してみてください。

STEP07　[パラメータを作成]

作成した外側の寸法をクリックし、[修正|寸法] コンテキストタブ- [寸法にラベルを付ける] パネル- [パラメータを作成] をクリックします。

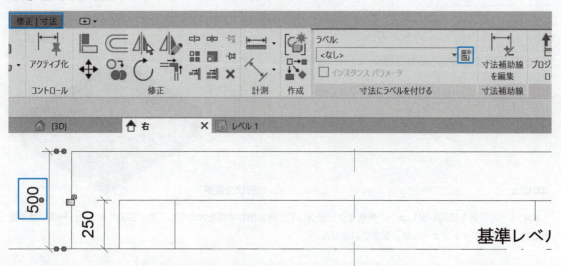

パラメータプロパティの名前に「高さ」と入力して、[OK] を押します。外側の寸法が、「高さ=500」と表示されます。
もう一方の寸法をクリックして、[修正|寸法] コンテキストタブ-[寸法にラベルを付ける] パネル-[ラベル] の「高さ=500」をクリックします。

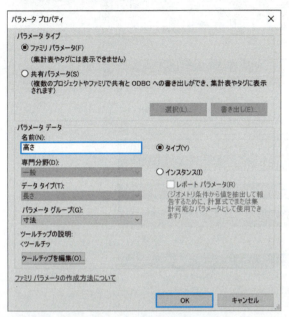

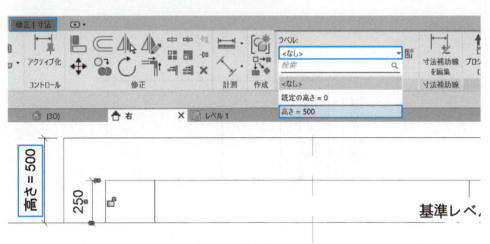

第2章 ファミリ作成

「ファミリタイプ」を確認すると、寸法に「高さ」が設定されているのがわかります。

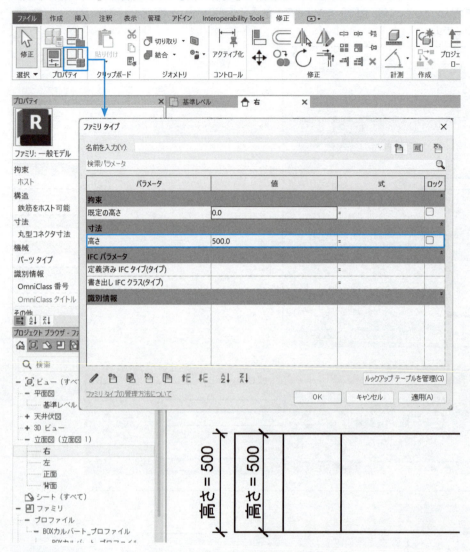

STEP08 ファミリ動作の検証（プロジェクトにロード）

実際のプロジェクトにロードして、動きを確認してみましょう。[修正] タブ-[ファミリエディタ] パネル-[プロジェクトにロード] をクリックします。

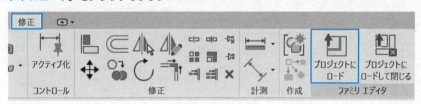

何も表示されない場合は、[構造] タブ-[コンポーネント] をクリックします。

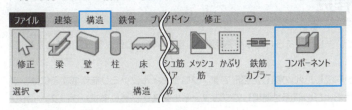

ファミリを通芯①②の交点に配置します。

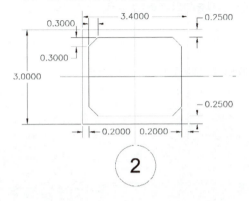
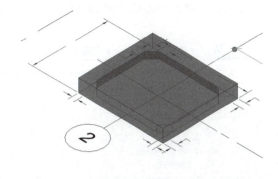

寸法値が表示されていたり、水平方向に配置できていないなど、まだ不完全であることがわかります。再度、基準レベルに戻り、読み込んだCAD図面をクリックして、**Delete**キーで削除してから、再度、プロジェクトにロードして確認してみてください。

寸法は表示されなくなっています。また、タイププロパティで高さを変更すると、ボイドフォームの高さも変更できることがわかります。

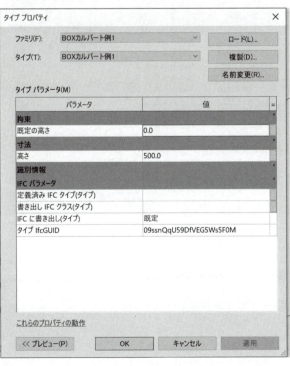
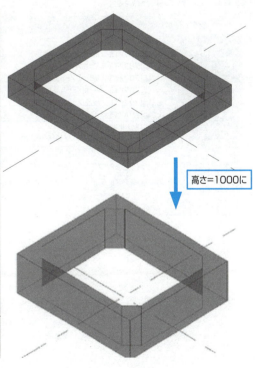

高さ=1000に

プロファイルファミリの作成

　ファミリを作成するために、形状を作図していました。こうした作業を軽減し、複雑な形状の作成を容易にするために、プロファイルファミリが用意されています。

　プロファイルファミリは、ファミリの形状を作成した2Dの閉じた図形です。プロファイルファミリを作成するには、プロファイルのテンプレートを開き、線分、寸法および参照面を使用してプロファイルをスケッチします。プロファイルファミリを保存した後で、このプロファイルファミリをロードして、プロジェクトの中のソリッドジオメトリに適用することができます。さまざまなプロファイルファミリのテンプレートによって個別の条件や要素タイプが設定されています。

　ここでは、前節で作成していたボックスカルバートのプロファイルファミリを作成してみましょう。

STEP01　ファミリテンプレートの選択

　［ファミリ］-［新規作成］で「プロファイル(メートル単位).rtf」を選択して［開く］をクリックします。

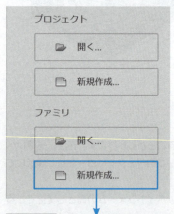

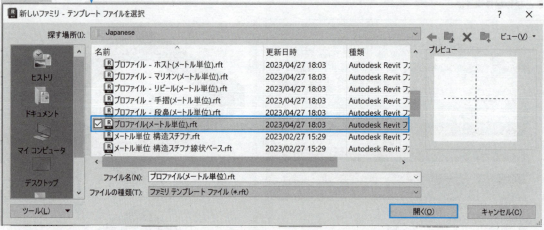

プロファイルファミリテンプレートを開くと、押し出しなどの3Dモデル用のツールはありません。このまま、作図機能を用いても作成できますが、ここでは作成されたdwgを利用します。

STEP02　CADファイルの読み込み

［挿入］タブ-［読込］パネル-［CAD読込］でDataset2¥ファミリ作成フォルダの「ボックスカルバート2.dwg」を指定します。ここでは、［配置］を［自動-中心合わせ］にしてみましょう。設定できたら［開く］をクリックします。

図形が表示されるので、[修正] タブ-[修正] パネル-[位置合わせ] を押して、❶ Revitの縦軸、❷ dwgの縦軸、❸ Revitの横軸、❹ dwgの横軸を指定して、中心に合わせます。位置合わせが終わったら、ナビゲーションバーで [全体表示] をクリックします。

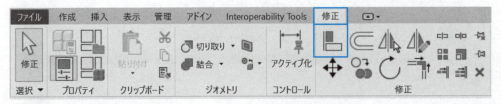

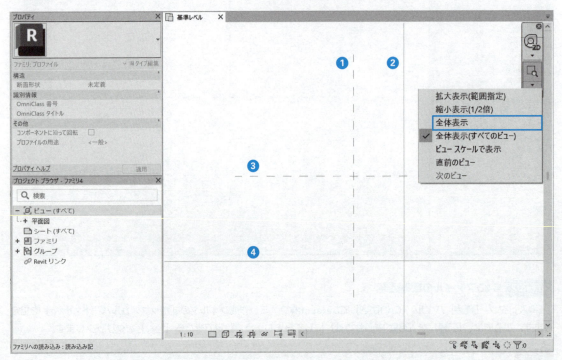

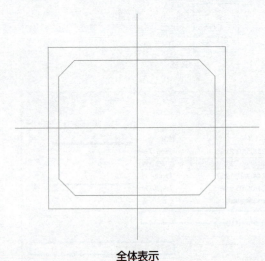

全体表示

STEP03　CADの線分を選択

［作成］タブ-［詳細］パネル-［線］を押します。［描画］-［選択］を押します。

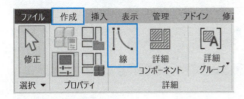

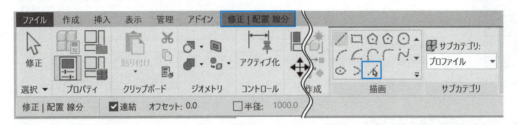

読み込んだ線分を順にクリックします。すべて選択したら、**Esc**キーで選択を終了します。読み込んだCAD図面を選択して、**Delete**キーを押して削除します。

連続した線分を読み込む場合は、はじめの1本にマウスカーソルを合わせたのち**Tab**キーを押すと、連続した線分が選択可能になるので、その状態でクリックすると、連続した線分として設定できます。残りの部分も同様に行えば、2回の操作で終了します。

このように、プロファイルファミリは、AutoCADの閉じた2D図面と同じです。

STEP04 プロファイルの保存

［ファイル］-［名前を付けて保存］-［ファミリ］で、「**BOXカルバート_プロファイル.rfa**」として保存します。

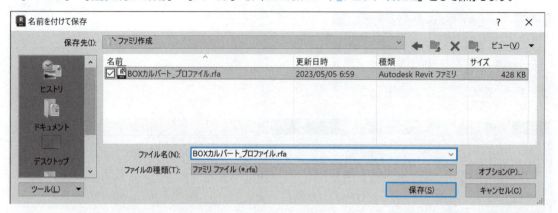

以上で、プロファイルの作成は終了です。

プロファイルを利用したファミリの作成

では、実際にファミリを作成しましょう。

STEP01 ファミリテンプレートの指定

［ファミリ］-［新規作成］をクリックし、「一般モデル(メートル単位).rft」を選択して［開く］をクリックします。プロファイルは、スイープ、スイープブレンドで利用するのですが、ここではスイープを使用します。

STEP02 ［参照面］の作成と［スイープ］

はじめに、スイープ用のパスを作成します。パスを作成するために、参照面をクリックして左右に1500の位置に参照面を作成します。

次に、[作成] タブ- [フォーム] パネル- [スイープ] を押します。[修正|スイープ] コンテキストタブから、[スイープ]
パネル- [パスをスケッチ] を押し、先ほどの参照面をクリックします。

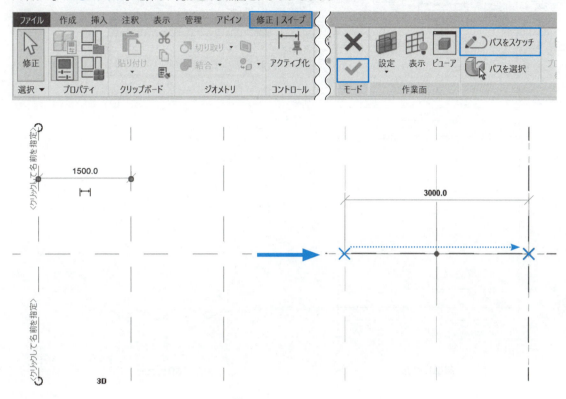

クリックが終了したら、[編集モードを終了] ✓ をクリックします。

STEP03 [プロファイルをロード]

[スイープ] パネル- [プロファイルをロード] で、先ほど作成したプロファイルを指定します。

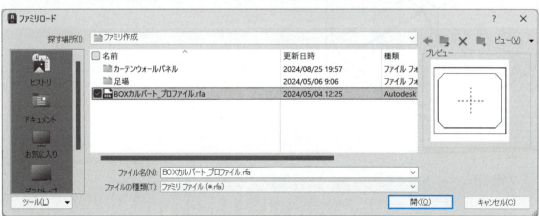

［プロファイル］に「BOXカルバート_プロファイル」を指定して、［編集モードを終了］ ✓ をクリックします。

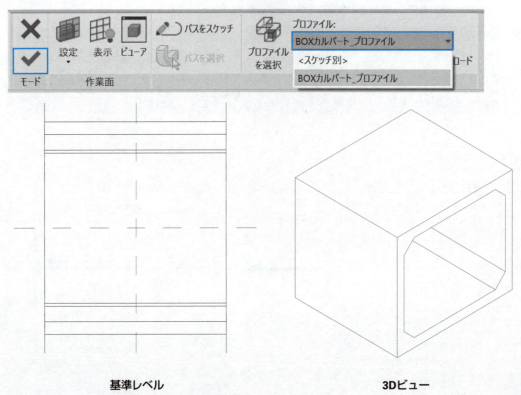

基準レベル　　　　　　　　　　　3Dビュー

［プロジェクトにロード］を押して動作を確認します。

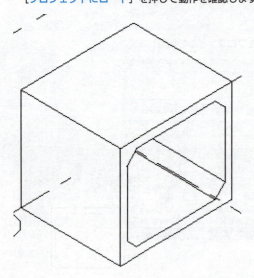

03 ファミリの作成位置とプロジェクトでの配置位置

ファミリのモデルの作成位置により、プロジェクトの配置位置が決まるので、どのように配置するかを事前に考えておくことが重要です。一般モデル(メートル単位).rft を用いて、モデルを作成する位置を変更した場合の例を示します。

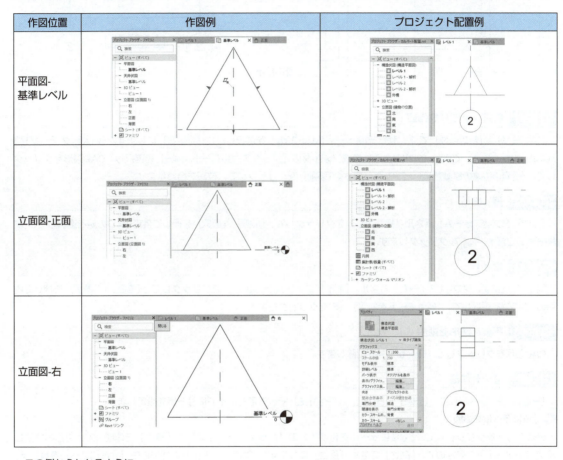

この例からわかるように、
① 高さ方向に配置するものは平面
② 水平方向に配置するものは立面
に作図すればよいことがわかります。

では、先ほどのカルバートを正しく配置できるように作成して、以下のようなボックスカルバートを作成してみましょう。

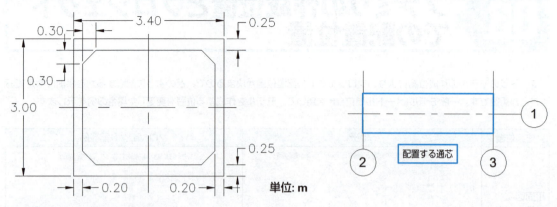

STEP01　新規ファミリを作成

［ファミリ］-［新規作成］で「一般モデル(メートル単位).rft」を選択し、［立面図-右］にします。［挿入］タブ-［読込］パネル-［CAD読込］でDataset2¥ファミリ作成フォルダの「ボックスカルバート.dwg」を選択し、CAD図形をクリックして、［要素の位置の移動禁止］ピンを外します。［移動］をクリックして、位置を合わせます。

STEP02　押し出し

［作成］タブ-［フォーム］パネル-［押し出し］をクリックして、［描画］-［選択］を押して外形の4つの線を選択して、［編集モードを終了］✓ をクリックします。

STEP03　ボイド

同様に、［作成］タブ-［フォーム］パネル-［ボイドフォーム-押し出し］をクリックして、［描画］-［選択］を押して内側の8つの線を選択して、［編集モードを終了］✓ をクリックします。

STEP04　不要な図形を削除

CAD図形をクリックして、**Delete**キーで削除します。

STEP05　寸法を作成

［平面図-基準レベル］に、［参照］-［寸法］-［平行寸法］で、外形とボイドに寸法値を設定します。

❶ 寸法にラベルを追加

外形の寸法をクリックして、［寸法にラベルを付ける］の［パラメータを作成］で「長さ」を作成して、外形の寸法に設定します（水平方向なので、「高さ」でなく「長さ」にします）。同様に、ボイドの寸法にも［寸法にラベルを付ける］から「長さ」を設定します。これで、「長さ」を変更すると、外形とボイドが同時に変更されます。

❷ 動作確認

［プロジェクトにロード］をクリックして、プロジェクトにファミリを配置します。自動的に表示されない場合は、［構造］-［コンポーネント］から、作成したファミリを指定します。通芯①②の交点に配置して、長さを変更して正しい長さに配置できるかを確認します。うまく動作しない場合は、設定を確認しましょう。

03 ファミリの作成位置とプロジェクトでの配置位置

寸法のラベル

パラメータタイプの設定の際に、パラメータデータの［インスタンス］を指定するか、［寸法にラベルを付ける］の［インスタンスパラメータ］にチェックを入れると、プロジェクトにファミリをロードした際に、パラメータとして設定することができます。

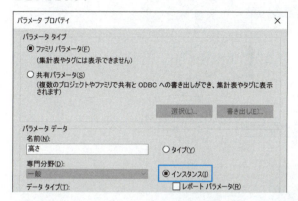

プロジェクトにロードした［プロパティ］と［タイププロパティ］の設定内容を確認してみます。プロパティには表示されていますが、タイププロパティには表示されていないのがわかります。

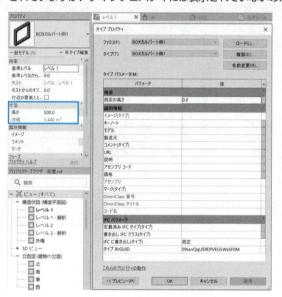
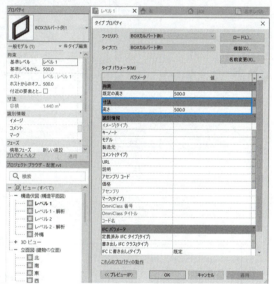

　　　インスタンスパラメータ設定　　　　　　インスタンスパラメータ未設定

先ほど作成したファミリの配置方法は、梁の配置と同じですが、梁のように通芯②③の間に配置できません。同じように配置するには、どうすればよいでしょうか？既に作成されている梁と柱のファミリがどのように作成されているか確認してみましょう。

Revitに付属するファミリやインターネットからダウンロードできるファミリの作成方法を真似ることで、より高度な機能を追加することができます。

構造梁ファミリの確認

［ファイル］-［開く］-［ファミリ］-［構造フレーム］-［コンクリート］で「コンクリート-長方形梁.rfa」を選択して［開く］をクリックします。図の青枠で囲んだ個所を確認してください。

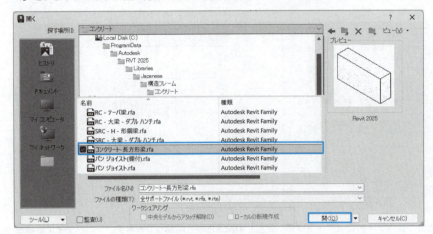

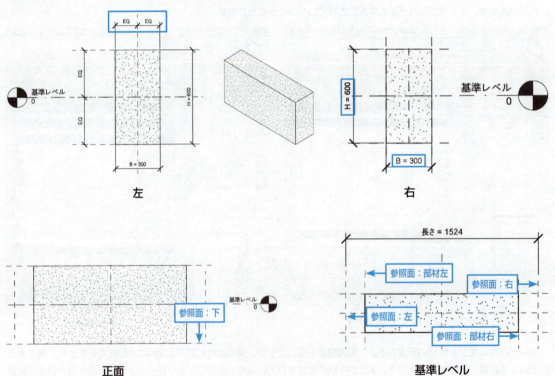

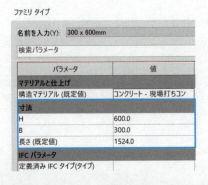

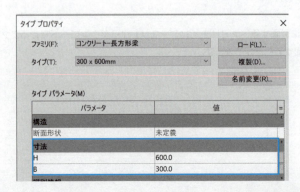

構造柱ファミリの確認

同じように「コンクリート-長方形-柱.rfa」を確認してみましょう。梁と同じように青枠で囲んだ個所を注目してください。

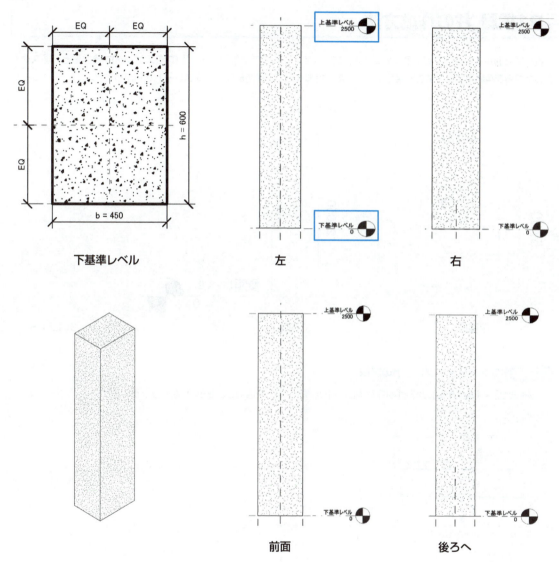

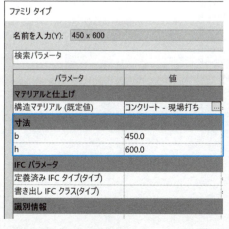

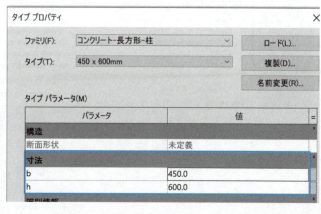

04 橋脚のためのファミリ作成

P1橋脚_柱の作成方法

橋梁編で利用する以下の橋脚のファミリを作成します。これまでに説明した、①作図(スケッチ)する方法と、②スケッチした内容を再利用する方法を利用します。また、橋脚なので「構造基礎」テンプレートを利用します。

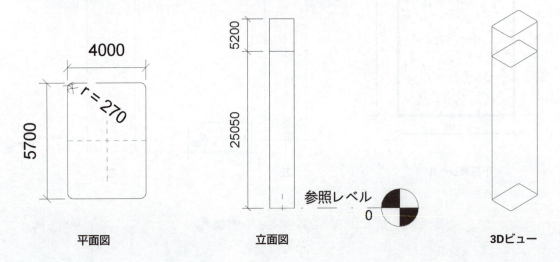

STEP01 ファミリテンプレートの選択

［ファミリ］-［新規作成］から「構造基礎(メートル単位).rft」を選択し、［開く］をクリックします。

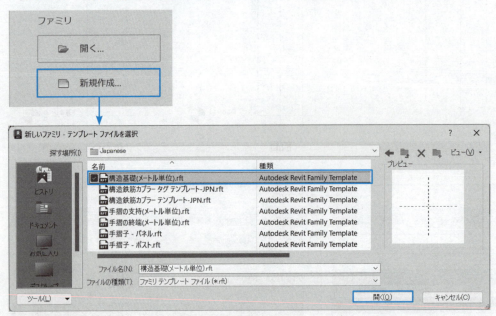

04 橋脚のためのファミリ作成

STEP02 柱下部の作成 - [押し出し]

プロジェクトブラウザの［平面図］から［基準レベル］をダブルクリックします。垂直方向に押し出すので、平面図にスケッチします。

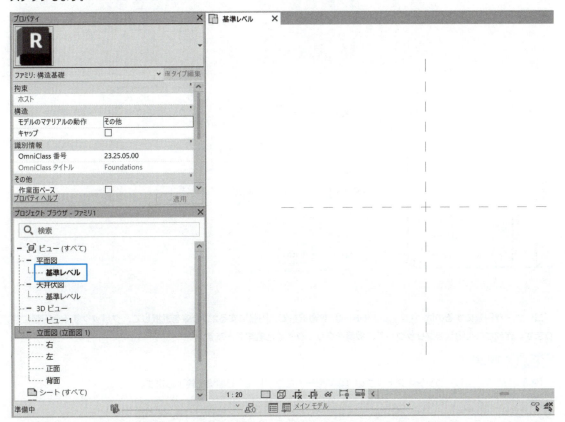

［作成］タブ-［フォーム］パネル-［押し出し］を選択します。

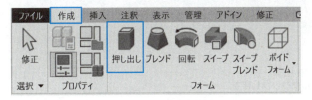

STEP03　断面作成

柱の断面形状を作図します。

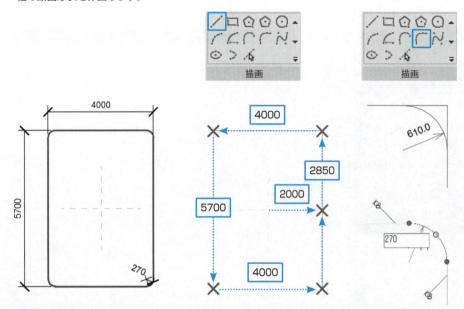

コーナーを円弧にするのは、［フィレット円弧］を選択して、円弧にする2つの線を選択して、クリックすると円弧になります。作成された円弧をクリックして、数値をクリックすると編集できます。

STEP04　押出終了

［修正|作成 押し出し］コンテキストタブの［編集モードを終了］ ✓ で編集を終了します。

STEP05　押出位置設定

プロジェクトブラウザの［立面図］-［正面］をダブルクリックします。

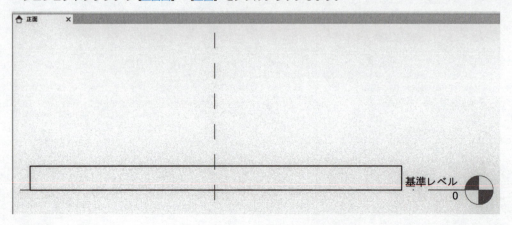

04　橋脚のためのファミリ作成　103

モデルを選択し、プロパティの"押出 終端"に＜25050＞と入力します。

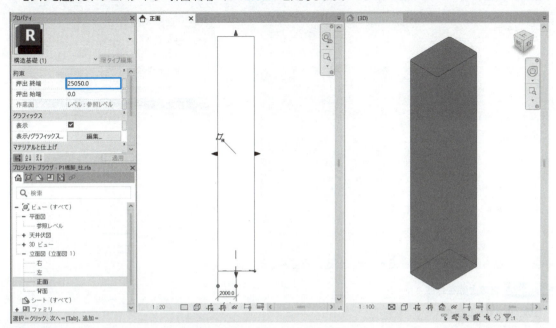

STEP06　ファミリパラメータの関連付け

プロパティのマテリアルの項目の右端にある［ファミリパラメータの関連付け］を選択します。［新しいパラメータ］を選択します。

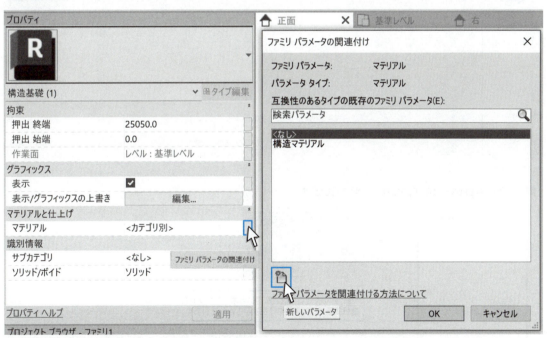

名前に「柱部」と入力し、［OK］をクリックします。

[柱部]を選択していることを確認し、[OK]をクリックします。

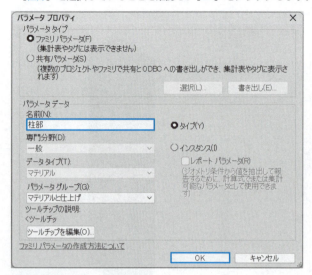
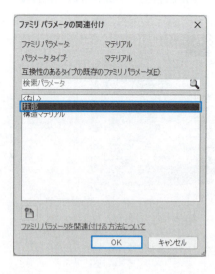

STEP07 柱の上部を作成

柱の上部を作成します。

同じようにSTEP03～STEP06の操作手順を行います。

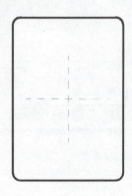

[選択]ですでに作成されているオブジェクトを選択すると、効率的に作図することができます。

04 橋脚のためのファミリ作成

プロジェクトブラウザの「立面図」-「正面」で作成したモデルを確認します。

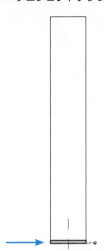

モデルを選択し、プロパティより［押出 終端］に＜ 30250 ＞、［押出 始端］に＜ 25050 ＞と入力します。

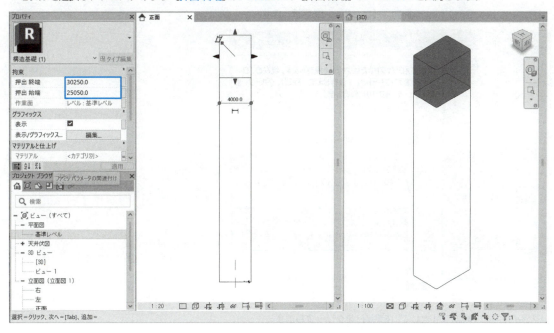

プロパティにおいて、マテリアルの項目の右端にある［ファミリパラメータの関連付け］を選択します。［柱部］を選択し、［OK］をクリックします。

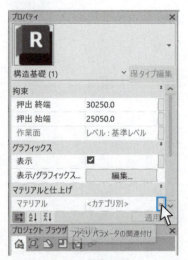
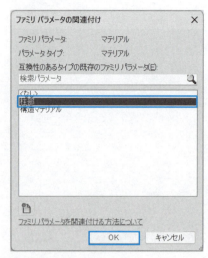

［ファイル］-［名前を付けて保存］-［ファミリ］を選択します。

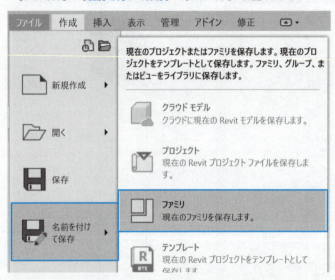

ファイル名を「橋脚_柱」として、［保存］をクリックします。

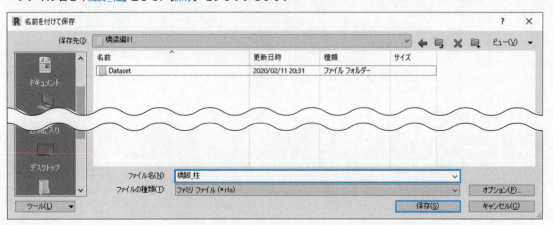

これでファミリの作成は終了です。

上部工ファミリの作成

次に、以下のような上部工ファミリを作成します。断面が徐々に変化していくファミリです。2つのプロファイルファミリを用いて、スイープブレンドで作成します。

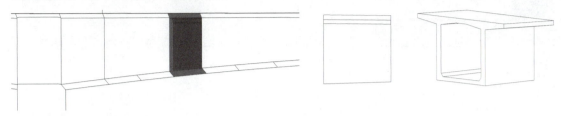

STEP01 断面1プロファイルの作成

［ファミリ］-［新規作成］-［プロファイル(メートル単位).rft］を選択して［開く］をクリックします。

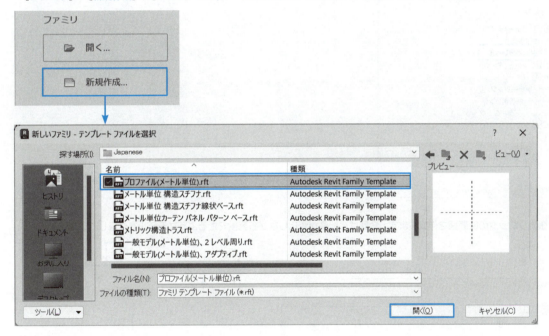

STEP02 張り出しブロック断面の作成

プロファイルを用いて配置するので、作図位置を、[平面図] - [基準レベル] にします。

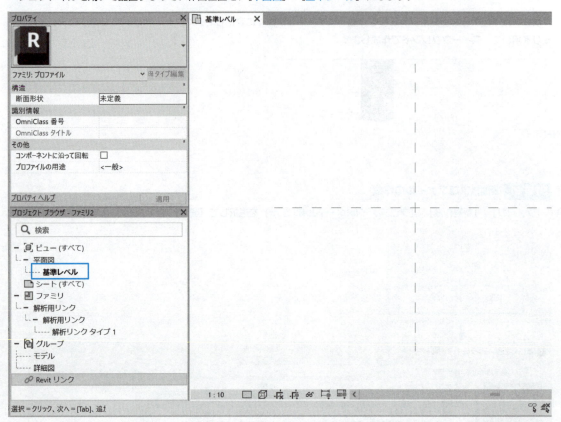

張出ブロックの断面図を作成します。今回は、桁高が変化しながら配置できるようなモデルを作成していきます。

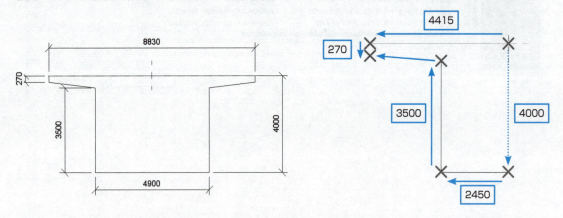

上記のように作成したら、作成した線分をすべて選択して、鏡像化で反対側を作成します。複数の線分を選択する場合は、**Ctrl**キーを押しながら選択します。

STEP03 寸法の作成

［作成］タブ-［寸法］パネル-［平行寸法］で上部工の右側に寸法線を作成します。

寸法［4000］の値を選択し、［修正|寸法］コンテキストタブ-［寸法にラベルを付ける］パネルから［パラメータを作成］を選択します。

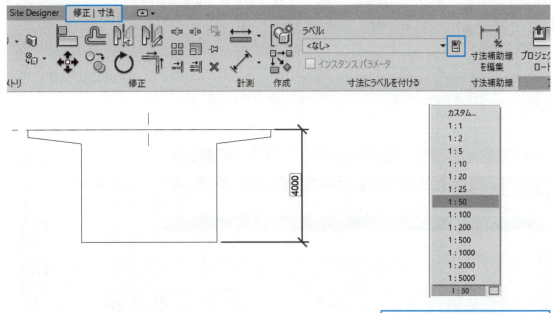

寸法値が小さい場合は、縮尺を変更します。

パラメータデータの名前に「桁高」と入力して［OK］をクリックします。

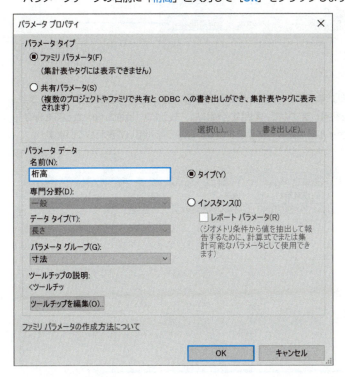

STEP04 動作確認

［ファミリタイプ］を選択し、桁高の値を変更してモデルが変化することを確認します。

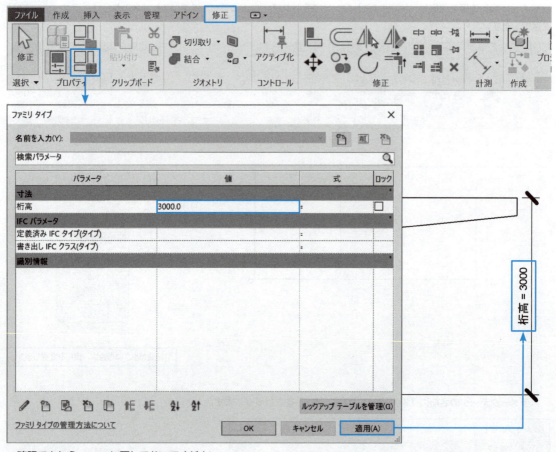

確認できたら、4000に戻しておいてください。

STEP05 ファミリの保存

［ファイル］-［名前を付けて保存］-［ファミリ］を選択し、ファイル名を「断面1.rfa」として任意の場所に保存します。
　スイープブレンドでは、2つのプロファイルを利用しますので、利用する際には、もう1つ「断面2.rfa」としても保存してください。次節では、もう少し詳細なプロファイルを用意してありますので、こちらを利用して説明しています。

04 橋脚のためのファミリ作成　111

STEP06 張り出しブロックの作成

作成したプロファイルを用いて、スイープブレンドで張り出しブロックファミリを作成します。［ファミリ］-［新規作成］を選択し、テンプレート「構造基礎（メートル単位）.rft」を選択します。

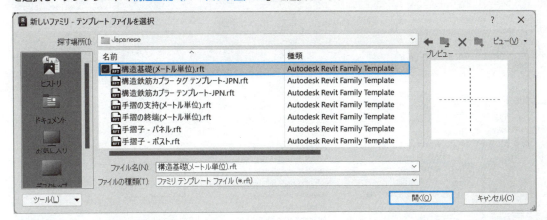

STEP07 スイープブレンド

プロジェクトブラウザで［平面図］-［基準レベル］をダブルクリックします。［作成］タブ-［フォーム］パネル-［スイープブレンド］を選択します。

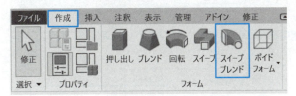

［パスをスケッチ］を選択し、中心より上方向に10000のパスを作成します。作成したら［編集モードを終了］✓を選択します。

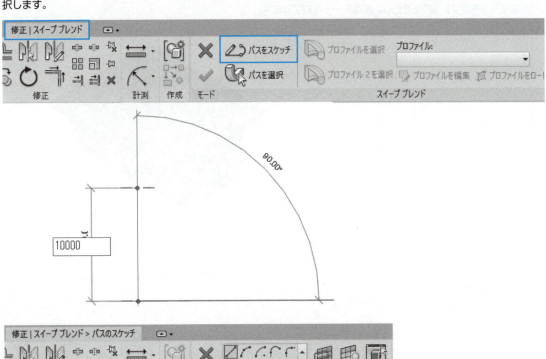

STEP08 プロファイルの選択

［プロファイルをロード］を選択し、「**PC箱桁橋_断面1.rfa**」「**PC箱桁橋_断面2.rfa**」をロードします。

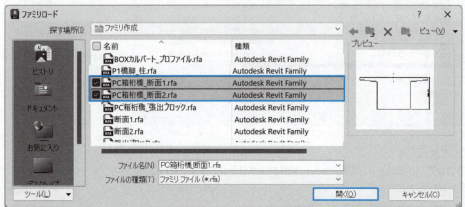

［プロファイルを選択］を選択してプロファイルから［**PC箱桁橋_断面1**］を、［プロファイル2を選択］を選択してプロファイルから［**PC箱桁橋_断面2**］を選択します。

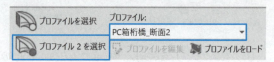

［編集モードを終了］　を選択し、編集モードを終了します。

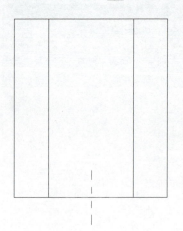

04　橋脚のためのファミリ作成　113

STEP09　タイププロパティ

プロジェクトブラウザの［ファミリ］を展開し、［プロファイル］-［PC箱桁橋_断面1］-［PC箱桁橋_断面1］の上で右クリックし、［タイププロパティ］を選択します。桁高の［ファミリパラメータの関連付け］を選択します。

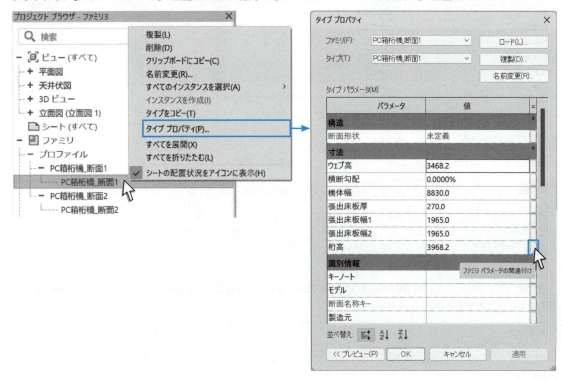

［新しいパラメータ］で名前を「桁高1」として［OK］をクリックし、［ファミリパラメータの関連付け］も［OK］をクリックします。

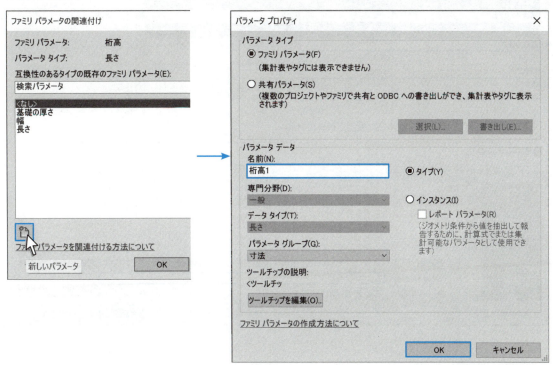

パラメータの関連付けができると「=」になります。

寸法	
ウェブ高	3468.2
横断勾配	0.0000%
橋体幅	8830.0
張出床板厚	270.0
張出床板幅1	1965.0
張出床板幅2	1965.0
桁高	3968.2

同様の操作を「プロファイル：PC箱桁橋_断面2」にも行います。

STEP10 動作確認

［作成］タブ-［プロパティ］パネル-［ファミリタイプ］を選択します。

先ほど［ファミリパラメータの関連付け］で作成したパラメータ名が追加されていることを確認します。桁高の値を変更し、3Dモデルが変更されることを確認します。

名前を付けて保存します（ファイル名：張出ブロック.rfa）。

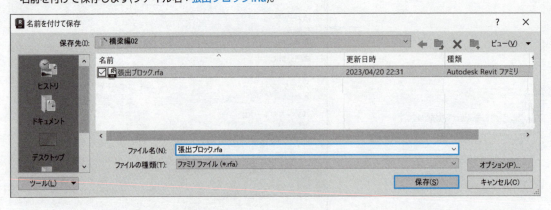

カーテンウォール

　カーテンウォールとは、ガラス、メタル パネル、薄い石などを埋め込んだ、薄い(骨組みがアルミニウム製であることが多い)壁のことです。この機能を用いると、連続的にいろいろなものを配置することができます。
　この機能を用いて足場を配置する方法が、RUG (Revit User Group)による「Revitを利用した仮設計画 (足場編) 第1版」に示されています。この内容を参考に、カーテンウォールの使い方を、矢板を連続的に配置する方法として説明します。

STEP01　矢板ファミリの作成

　はじめに、矢板2枚のファミリを作成します。矢板の形状は、矢板SP-3_形状.dwgを利用します。［ファミリ］-［新規作成］で「カーテンウォール(メートル単位).rtf」を選択して［開く］を押します。

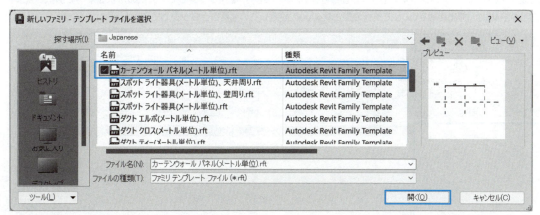

　［挿入］タブ-［読込］パネル-［CAD読込］をクリックして、以下のようにDataset2¥カーテンウォールパネルフォルダの「矢板SP-3_形状.dwg」を読み込みます。

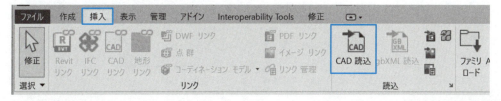

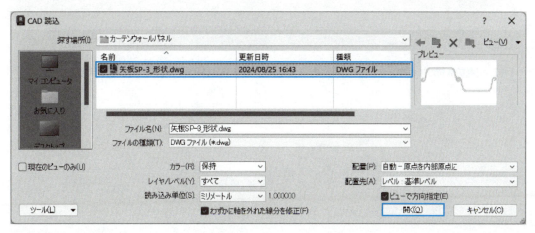

読み込んだら、[作成] タブ-［フォーム］パネル-［押し出し］をクリックします。

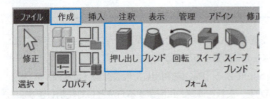

STEP02　［押し出し］

［修正|作成 押し出し］コンテキストタブ-［描画］パネル-［選択］をクリックして、矢板の形状をすべて選択します。押出始端を-4000、押出終端を0にして矢板の長さを4000に設定して、✔をクリックして終了します。

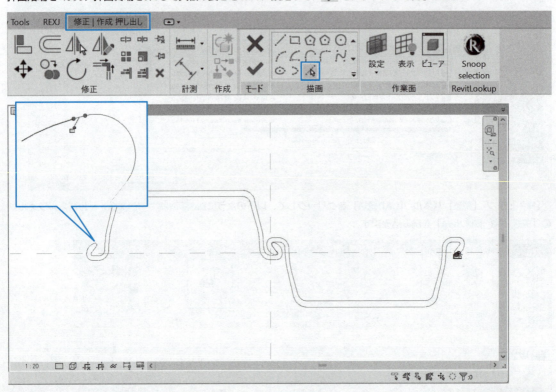

[ファイル] - [名前を付けて保存] - [ファミリ] で、「矢板SP-3_カーテンウォールパネル.rfa」とします。

STEP03 カーテンウォール

　カーテンウォールは、システムファミリの壁に属するので、一般のプロジェクトの中に配置します。ここでは構造テンプレートを用いてプロジェクトを作成します。「矢板配置.rvt」を開きます。

　［プロジェクトブラウザ］-［ファミリ］を展開して、［壁］-［カーテンウォール］-［カーテンウォール1］を右クリックして、［複写］して、［名前を変更］で「矢板SP3」とします。

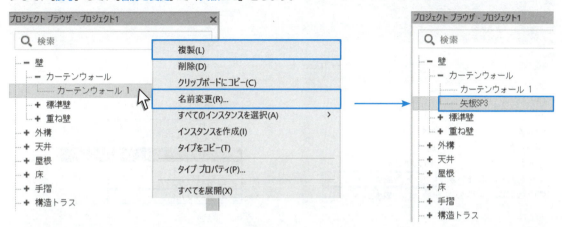

　［挿入］-［ライブラリからロード］-［ファミリロード］で、Dataset2¥カーテンウォールパネルフォルダの「矢板SP-3_カーテンウォールパネル.rfa」を読み込みます。

STEP04 カーテンウォールの設定

　先ほど設定した「矢板SP3」をダブルクリックして、［タイププロパティ］ダイアログを表示し、下図のように設定します。

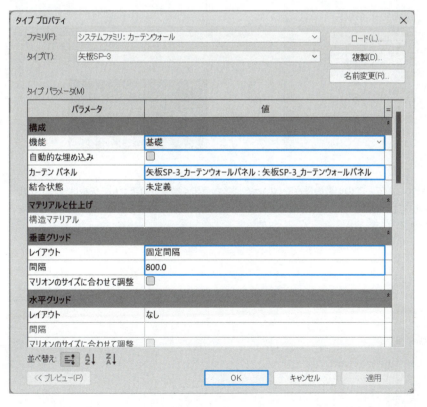

STEP05　矢板SP-3の配置

「レベル1」ビューをアクティブにします。作成したカーテンパネル「矢板SP-3_カーテンウォールパネル」は、デフォルトでは表示されない設定になっているので、［プロパティ］-［表示/グラフィックスの上書き］-[編集]を指定して、［カーテンパネル］にチェックを入れておきます。

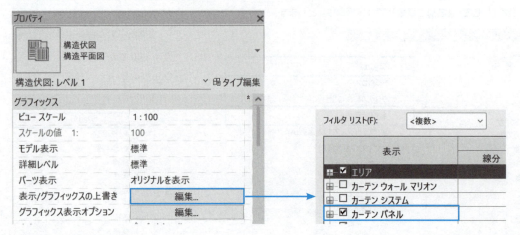

［構造］タブ-［構造］パネル-［壁］-［壁　構造］を選択して、［カーテンウォール 矢板SP-3］を選択します。基準レベルオフセットを500、上部レベルを指定にして、通芯②から③を指定すると、以下のように配置されます。

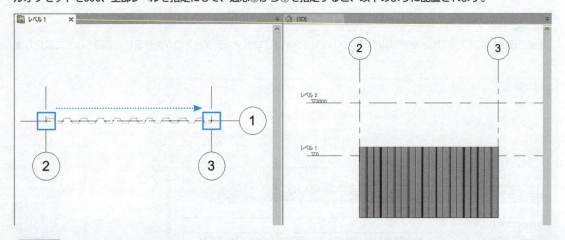

> 1セットの長さが800なので、この倍数の長さでないと、最後がうまく調整されません。矢板は一般モデルテンプレートを用いても同様なファミリを作成できますが、立体的な配置ができるので、効率的な使い方を検討してください。

05 さまざまなファミリ

Revitには、さまざまなファミリが用意されていますが、土木構造物では、このファミリにない場合も多く、新たに作成することも多くなっています。Revitに標準で付属するファミリのほかに、RUG（Revit User Group)が提供している建築用のファミリや、CUG（Civil User Group）で提供しているファミリなどがあります。

Revitに標準で付属しているファミリ(ライブラリ)

標準的にインストールすると、一般的には、以下のフォルダに格納されています。
「C:\ProgramData\Autodesk\RVT 2025\Libraries\」
このフォルダには、日本以外の各国のファミリもインストールされています。

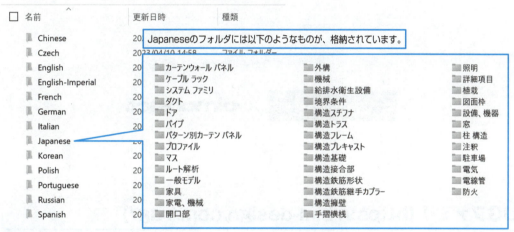

Japaneseのフォルダには以下のようなものが、格納されています。

C:\ProgramDataフォルダは、隠しフォルダになっているので、表示するには、エクスプローラーの［表示］設定の［隠しファイル］をチェックします。

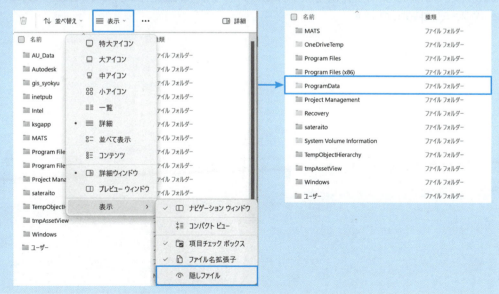

CUG提供ファミリ

CUGのHPから、ジェネリックモデルをダウンロードできますが、使用する際は以下の「BIMobjectご利用方法」を確認してください。

RUGファミリ (https://bim-design.com/rug/)

RUG（Revit User Group）は、建設業界において、建築分野でのRevitを中心としたBIMを実務的に活用できるような活動を行い、その普及と展開を行っている団体です。現在RUGでは、Revit-BIMによるワークフローの連続性が欠けている部分（ミッシングリンク）を発見し、解決するためのタスクフォース活動を行っています。この活動の中で、各種のツールやファミリを提供しています。

建築用ツール

建築用ツールですが、Autodesk App Storeから、「Revit Extension for Japan」をダウンロードしてインストールします。なお、2025版は、2024年9月末時点ではまだ公開されていません。

以下のように［REXJ］としてインストールされます（2024にインストールした例です）。

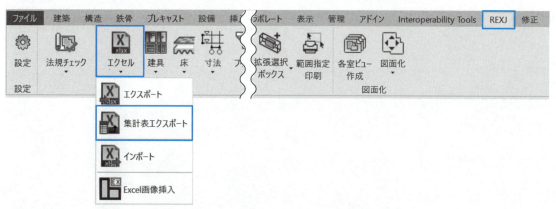

集計表を選択してから、［エクセル］-［集計表エクスポート］をクリックすると、Excelファイルとして出力することができます。このほかにも、土木でも活用できる機能があるので、有効に活用してください。

第3章 構造物の作成

▶ **01** 橋梁プロジェクト（下部工）の作成

▶ **02** 橋梁プロジェクト（上部工）の作成

01 橋梁プロジェクト（下部工）の作成

　Revitを使用することで、属性情報の付与や数量算出が可能な橋梁の設計を行うことができます。ここでは、一般的なコンクリート橋梁の下部工のモデリング方法について習得します。

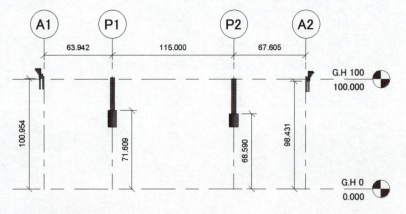

主な操作の流れ

①	新規プロジェクトの作成	「構造テンプレート」で作成します
②	座標、単位の設定	Revitでの座標と単位について設定します
③	高さ基準の設定	高さの設定をします
④	基準線の作成	作図基準線を作成します
⑤	基礎の配置	基礎ファミリを配置します
⑥	橋台、橋脚の配置	橋台、橋脚ファミリを配置します
⑦	属性情報の確認	属性情報の確認、入力、追加を行います
⑧	数量表の作成と確認	数量情報を確認します

新規プロジェクトの作成

STEP01

Revitを起動し、プロジェクトの［新規作成］を選択し、「構造テンプレート」を選択します。

STEP02

プロジェクトブラウザの［構造伏図］の［外構］をダブルクリックします。

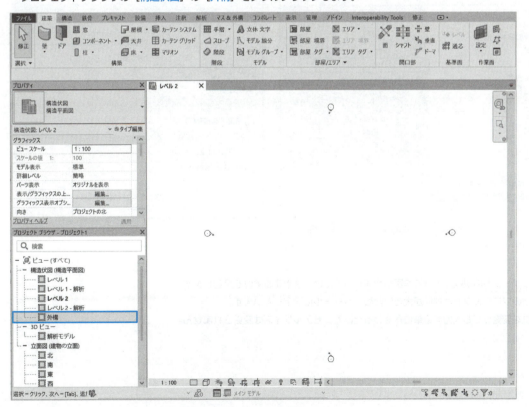

座標と単位の設定

STEP01

構造伏図［外構］の真ん中に「プロジェクト基準点」があります。

この基点をプロジェクトの基準点としてモデルを作成します。
（例：橋脚の中心など、座標が明確になっている箇所を基点に設定）

STEP02

［管理］タブの［設定］から［プロジェクトで使う単位］を選択します。

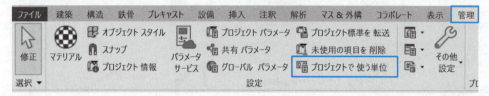

［長さ］の「形式」を選択し、［形式］ダイアログで下図のように設定します。設定後、［OK］を選択しダイアログを閉じます。

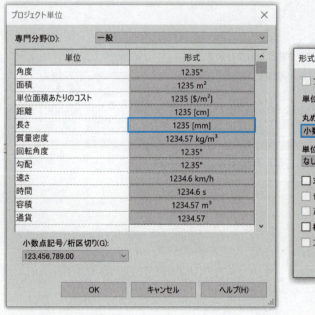
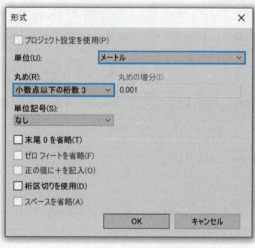

※プロジェクトの規模によって作図しやすくするため、使用する単位を設定します。
　今回のプロジェクトは規模が大きいため、メートルに設定しています。
　単位を変更しても入力する単位が変わるだけで、モデルサイズは変更されません。

高さ基準の設定

STEP01 レベル1のラベル変更

プロジェクトブラウザの［立面図］の［南］をダブルクリックします。レベル名を変更します。［レベル 1］をクリックし、「G.H 0」と入力します。

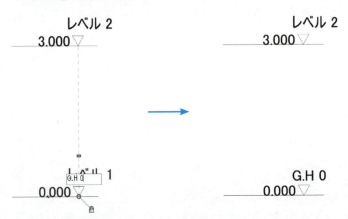

ダイアログが表示されます。［はい］を選択します。

STEP02 レベル2の高さ・ラベル変更

［レベル 2］も同様にレベル名を「G.H 100」に変更し、高さに＜100＞と入力します。

G.H 100
100.000

G.H 0
0.000

画面からレベル［G.H 100］が消え、高さ100mのところに移動します。

これで高さ基準の設定は終了です。

基準線の作成

ここから開始する場合は、**Dataset3¥橋梁編1**フォルダの「コンクリート橋_01.rvt」を開きます。

STEP01　［外構］ビューで通芯を作成1

プロジェクトブラウザの［構造伏図（構造平面図）］の［外構］をダブルクリックします。

01 橋梁プロジェクト（下部工）の作成　129

［構造］タブから［基準面］の［通芯］をクリックします。

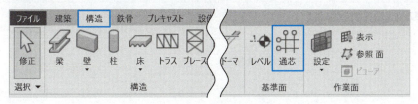

プロジェクト基準点から左方向に作図し、終点でクリックして、**Esc**キーで終了します。

※プロジェクト基準点にスナップしてから作図します。

STEP02　通芯位置の修正

［構造］タブ-［選択］パネル-［修正］を選択し、作図した通芯をクリックします。

通芯の右端部をドラッグして右へ移動します。

STEP03 [外構] ビューで通芯を作成2

プロジェクト基準点から垂直方向に通芯を作図します。

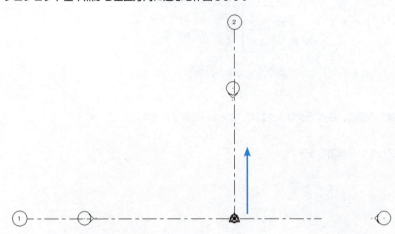

作図した水平方向の通芯と同様に［修正］を選択し、通芯を下方向にドラッグします。

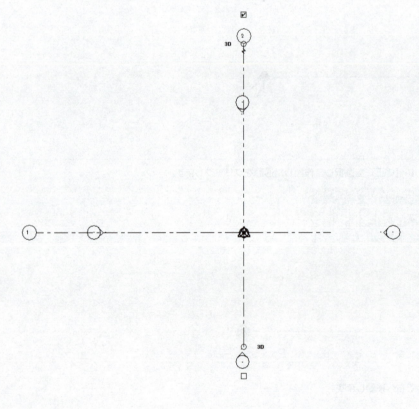

STEP04 通芯作成3(オフセット)

［構造］タブから［基準面］の［通芯］をクリックします。

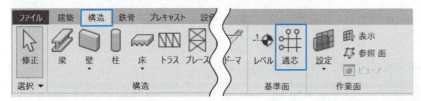

［修正｜配置 通芯］コンテキストタブ-［描画］パネル-［選択］を選択し、オプションバーのオフセットに＜**63.942**＞を設定します。

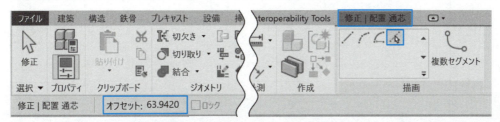

先に垂直に作成した「通芯」に左側からマウスを近づけ、左側に「通芯」をオフセットし作成します。

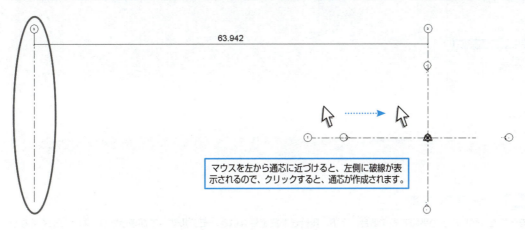

同様にプロジェクト基準点から右に通芯を2本作図します。水平に作図した通芯も調整します。

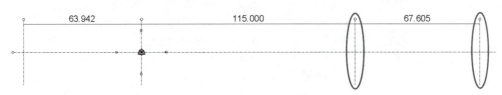

STEP05 通芯のラベル修正

「通芯」の通芯符号をクリックして、符号を変更することができます。下図のように通芯符号を設定します。

これで基準線の設定は終了です。

基礎の配置

ここから開始する場合は、**Dataset3¥橋梁編01**フォルダの「コンクリート橋_02.rvt」を開きます。

STEP01 [外構] ビュー

プロジェクトブラウザの [構造伏図] の [外構] をダブルクリックします。

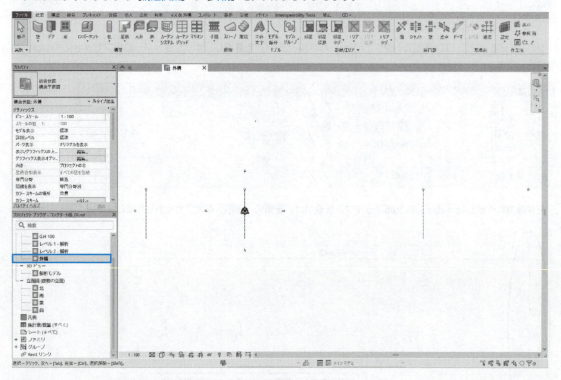

STEP02 ビュー範囲の設定

3Dモデルをレベルごとの平面で表す場合、上下、奥行きを設定しないと、モデルすべてが表示され、わかりにくくなります。Revitでは、以下のように設定されます。

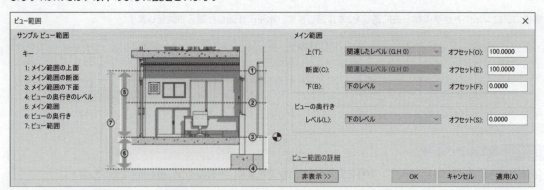

[外構] ビューのプロパティの [ビュー範囲] の [編集] をクリックします。ここでは、上下の重なりはなく、全体が長いため、[ビュー範囲] を右図のように設定し、[OK] をクリックします。

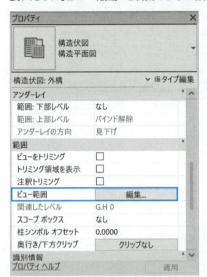
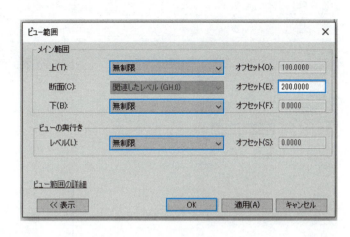

STEP03　橋梁_直接基礎の配置

[挿入] タブの [ライブラリからロード] から [ファミリロード] をクリックします。

Dataset3¥橋梁編1フォルダ内で「橋脚_直接基礎.rfa」を選択し、[開く] をクリックします。

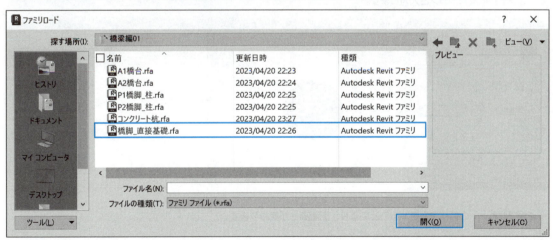

[構造] タブの [基礎] から [独立] をクリックします。

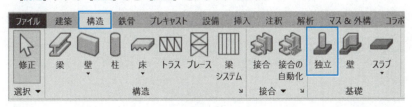

タイプセレクタから<橋脚_直接基礎：P1橋脚>を選択し、CL通りとP1通りの交点に配置します。
※プロパティより［基準レベル］が「G.H 0」であることを確認します。

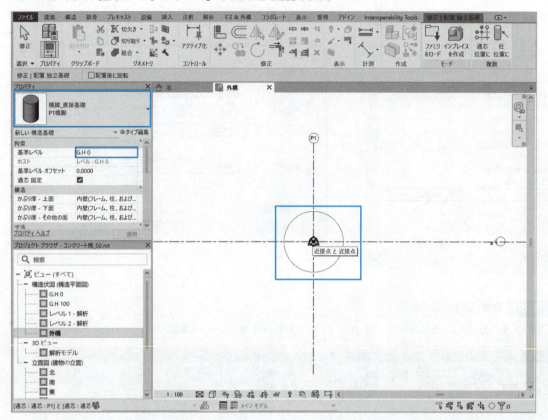

リボンより［修正］を選択し、配置した「橋脚_直接基礎：P1橋脚」をクリックします。プロパティより［基準レベルオフセット］に＜71.609＞と入力します。

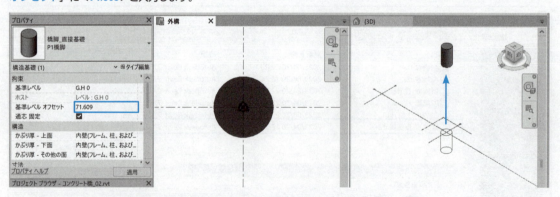

※"オフセット"の数値を変更することにより、配置高さが変わります。

01 橋梁プロジェクト(下部工)の作成　135

STEP04　橋梁_直接基礎:P2橋脚の配置

同様にCL通りとP2通りの交点に「橋脚_直接基礎：P2橋脚」を配置し、［基準レベルオフセット］に「68.590」と入力します。

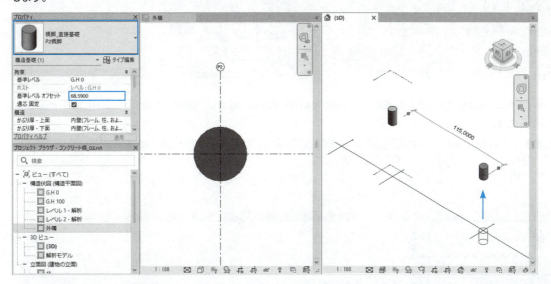

橋台、橋脚の配置

ここから開始する場合は、**Dataset3¥橋梁編1**フォルダの「コンクリート橋_03.rvt」を開きます。

STEP01　橋台、橋脚ファミリの読み込み

［挿入］タブ-［ライブラリからロード］パネル-［ファミリロード］をクリックします。

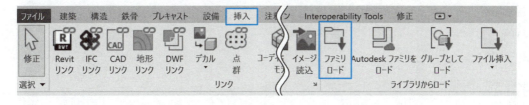

Dataset3¥橋梁編1フォルダ内から下記のファミリを選択し、［開く］をクリックします。

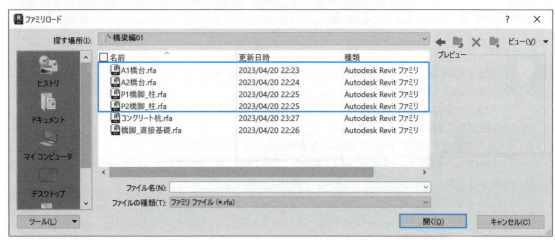

一番上のA1橋台を選択して、**Shift**キーを押しながら、P2橋脚_柱を選択すると一度に選択できます。

第3章 構造物の作成

STEP02 配置

[構造] タブ-[基礎] パネル-[独立] をクリックします。

タイプセレクタから「A1橋台」を選択し、CL通りとA1通りの交点に配置し、[基準レベルオフセット] に「100.9540」と入力します。

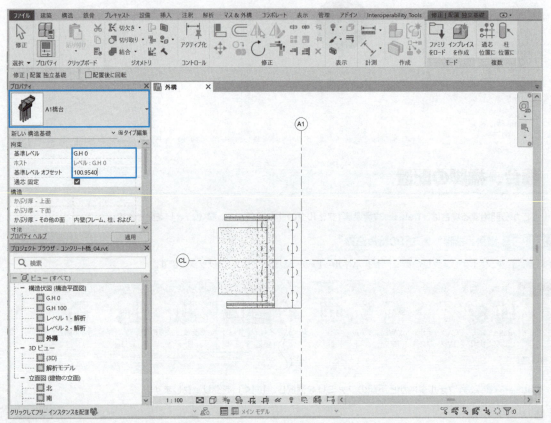

配置する前にキーボードのSPACEキーを押すと、「A1橋台」が45°単位で反時計回りに回転することができます。
配置した後の場合は、選択してからSPACEキーを押すと、90°単位で反時計回りに回転することができます。
水平や垂直ではない場合は、基準になる線分上にマウスを動かし、SPACEキーを押すと、その線分の角度に合わせて回転することができます。

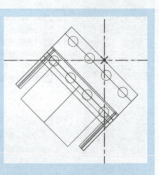

「P1橋脚_柱」をCL通りとP1通りの交点に配置し、［基準レベルオフセット］に＜**71.609**＞と入力します。
「P2橋脚_柱」をCL通りとP2通りの交点に配置し、［基準レベルオフセット］に＜**68.590**＞と入力します。
「A2橋台」をCL通りとA2通りの交点に配置し、［基準レベルオフセット］に＜**98.431**＞と入力します。

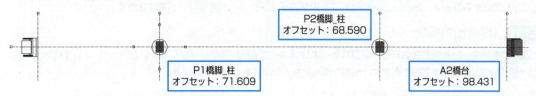

3Dビューで確認します。
下部工の配置が完了しました。

属性情報の確認

ここから開始する場合は、**Dataset3¥橋梁編1**フォルダの「コンクリート橋_04.rvt」を開きます。

STEP01　属性情報(P1橋脚)

「橋脚_直接基礎：P1橋脚」を選択し、プロパティより［タイプ編集］をクリックします。［データ］から「橋脚_直接基礎：P1橋脚」の属性情報が確認できます。確認が済んだら、［OK］をクリックします。

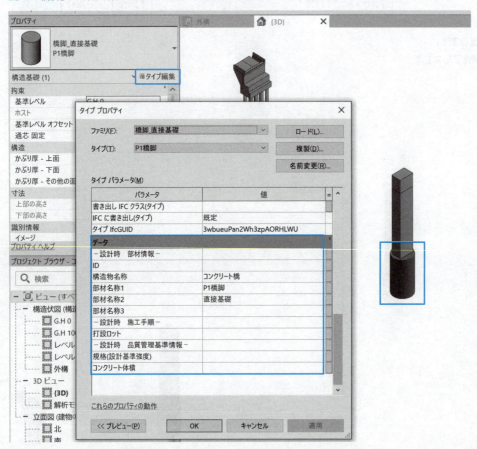

01 橋梁プロジェクト(下部工)の作成　139

次に属性情報を入力します。「橋脚_直接基礎：P2橋脚」を選択し、プロパティより［タイプ編集］をクリックします。属性情報が空欄になっているので、「構造物名称：コンクリート橋」「部材名称1：P2橋脚」「部材名称2：直接基礎」と入力し、［OK］をクリックします。

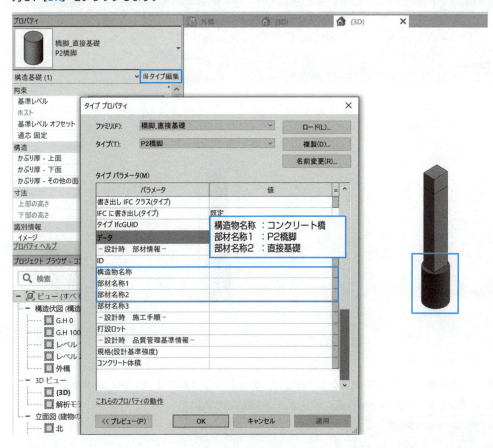

STEP02　属性情報(P2橋脚)

今度は、柱の属性を確認してみましょう。「P2橋脚_柱」を選択して、［タイプ編集］を選択して、［タイププロパティ］を表示させます。

上記の「P2橋脚」と比べると、「-設計時　品質管理基準情報-」の下に2つの属性項目がないので、この属性項目を追加します。

［キャンセル］をクリックして、［タイププロパティ］を閉じます。

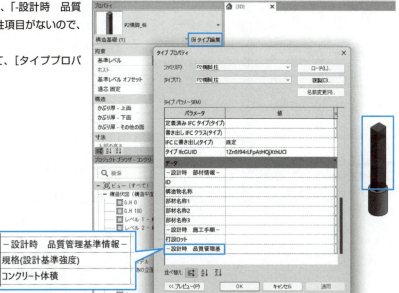

この柱に属性情報を追加します。属性情報はファミリに追加するので、「P2橋脚_柱」を選択し、［修正｜構造基礎］コンテキストタブ-［モード］パネル-［ファミリを編集］をクリックします。

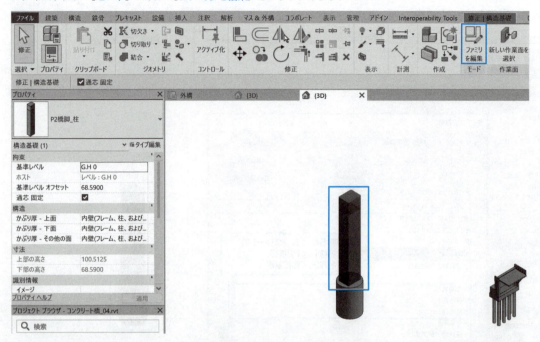

STEP03　ファミリタイプの編集

ファミリ編集モードになります。［作成］タブの［プロパティ］から［ファミリタイプ］をクリックします。

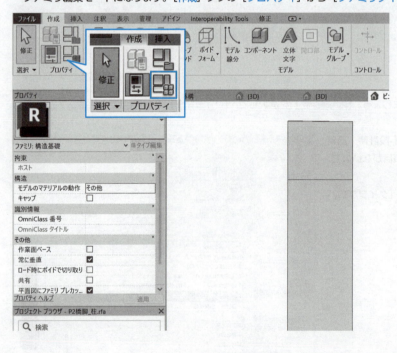

［ファミリタイプ］ダイアログが表示されます。このダイアログで属性情報の追加、編集が可能です。［データ］の下部にある［-設計時　品質管理基準情報-］に「規格（設計基準強度）」と「コンクリート体積」の項目を追加します。

［新しいパラメータ］をクリックします。

［パラメータプロパティ］ダイアログが表示されます。パラメータタイプは［共有パラメータ］をクリックし、［選択］をクリックします。初めて設定する場合は、メッセージが表示されます。既に選択操作を行っている場合は、表示されないので、STEP04 -［共有パラメータ］に進みます。

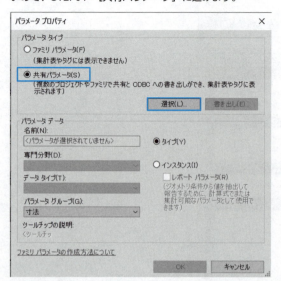
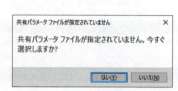

［共有パラメータを編集］ダイアログの［参照］をクリックし、［共有パラメータファイルを参照］から**Dataset3¥橋梁編1**フォルダ内の「コンクリート.txt」を選択し、［開く］をクリックします。

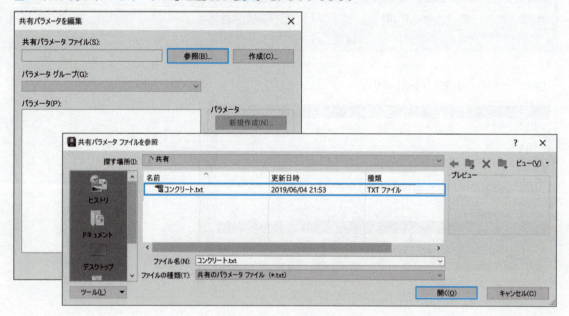

テキストファイルに設定している属性情報が確認できます。［OK］をクリックします。

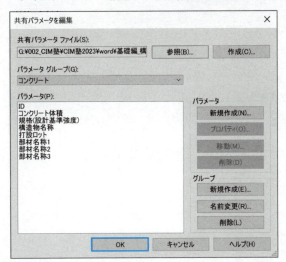

STEP04 ［共有パラメータ］

［共有パラメータ］ダイアログが表示されるので、［コンクリート体積］を選択して、［OK］をクリックします。

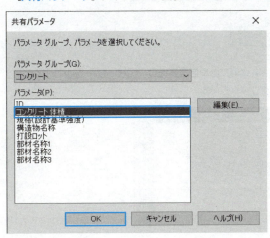

［パラメータグループ］から［データ］を選択し、［OK］をクリックします。

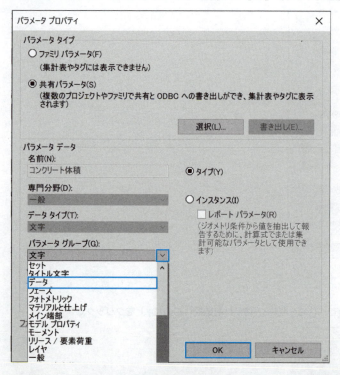

データに［コンクリート体積］が追加されます。［コンクリート体積］の項目を選択し、［下に移動］をクリックして、目的の場所に移動します。上に移動する場合は［上に移動］をクリックします。

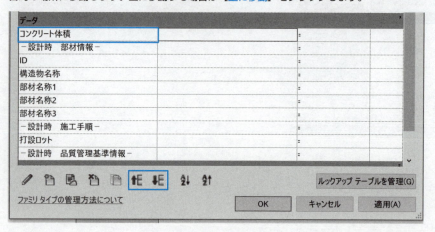

同様の手順で［規格（設計基準強度）］の属性を追加し、［OK］をクリックします。

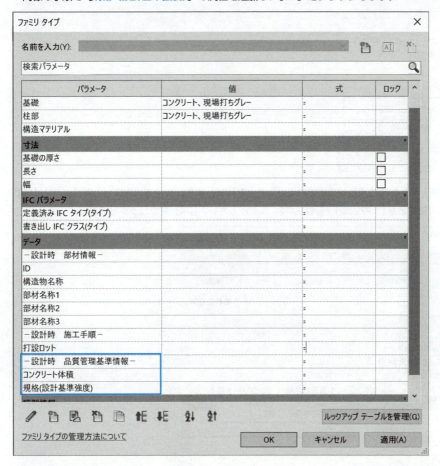

STEP05　ファミリの更新

［作成］タブの［ファミリエディタ］から［プロジェクトにロードして閉じる］をクリックします。

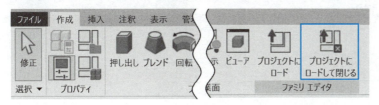

編集した「P2橋脚_柱」を保存します。

［既存のバージョンとそのパラメータ値を上書きする］をクリックします。

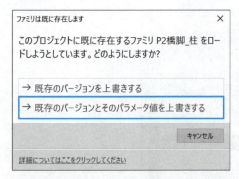

［修正］を選択後、「P2橋脚_柱」の属性項目が追加されていることを確認します。続いて、先ほどと同じように「構造物名称：コンクリート橋」、「部材名称1：P2橋脚」「部材名称2：柱」と入力し、［OK］をクリックします。

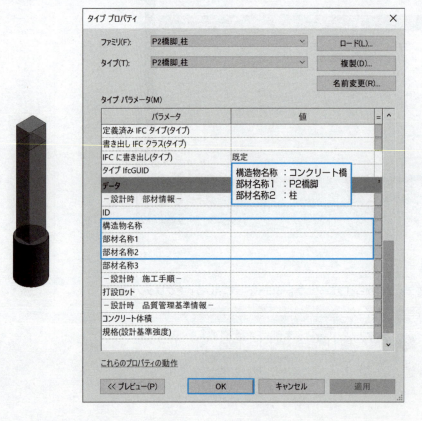

これで属性情報の確認は終了です。

01 橋梁プロジェクト（下部工）の作成

数量表の作成と確認

ここから開始する場合は、**Dataset3¥橋梁編1**フォルダの「**コンクリート橋_05.rvt**」を開きます。ここまでの作業で、次のような属性を設定されたファミリを利用しています。

ファミリ名	A1橋台	P1橋脚_柱	P1橋脚	P2橋脚_柱	P2橋脚	A2橋台
構造物名称	コンクリート橋	コンクリート橋	コンクリート橋	コンクリート橋	コンクリート橋	コンクリート橋
部材名称1	A1橋台	P1橋脚	P1橋脚	P2橋脚	P2橋脚	A2橋台
部材名称2		柱	直接基礎	柱	直接基礎	
部材名称3						

A1橋台はさらに以下のようなファミリで構成されています。

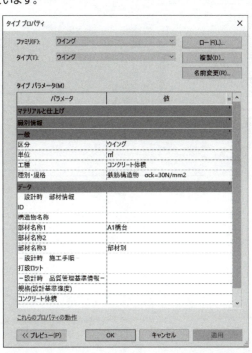

ファミリ名	ウィング	堅壁	後打ちコンクリート	壁高欄	フーチング	沓掛版
構造物名称						
部材名称1	A1橋台	A1橋台	A1橋台	A1橋台	A1橋台	A1橋台
部材名称2						
部材名称3	部材別	部材別	部材別	部材別	部材別	A1橋台

STEP01 集計表の作成

［表示］タブの［作成］パネルから［集計］-［集計表/数量］をクリックします。

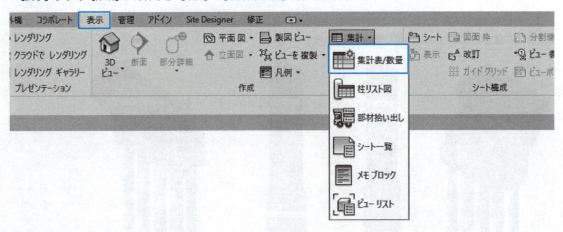

STEP02 カテゴリ

カテゴリから［構造基礎］を選択し、フェーズは［新しい建設］を選択します。［OK］をクリックします。
※新しい建設がない場合は、［フェーズ1］を選択します。

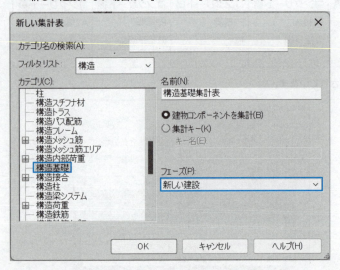

STEP03 フィールドの選択

［フィールド］タブより［使用可能なフィールド］から［部材名称1］［部材名称2］［容積］を選択し、［パラメータを追加］を押して、［使用予定のフィールド］へ追加します。

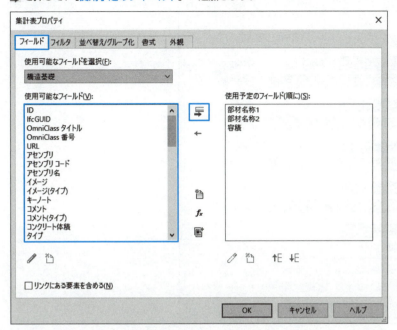

［フィルタ］タブより下図のように設定します。

STEP04 集計表の設定

[並べ替え/グループ化］タブより［合計］にチェックを入れ、［各インスタンスの内訳］のチェックを外し［OK］を押します。

STEP05 集計表

A1橋台の杭の集計表が作成されました。

STEP06 部材ごとの集計表

下図のように設定すると、部材ごとの集計表を作成することもできます。

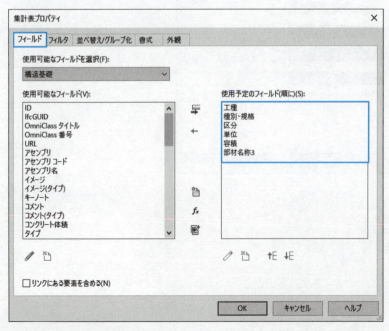

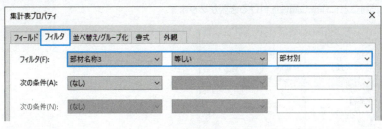

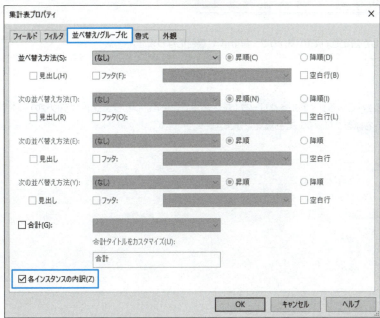

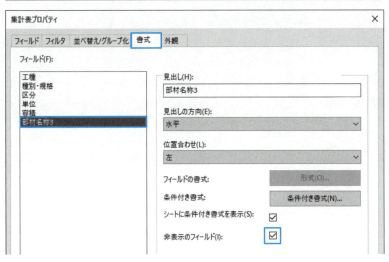

※部材ごとに集計するには、モデルを部材ごとに作成し属性を付ける必要があります。

A	B	C	D	E
\<A1橋台　コンクリート体積\>					
工種	種別・規格	区分	単位	数量
コンクリート体積	鉄筋構造物　σck=30N/mm2	ウイング	㎥	19.15
コンクリート体積	鉄筋構造物　σck=30N/mm2	壁高欄	㎥	1.99
コンクリート体積	鉄筋構造物　σck=30N/mm2	後打ちコンクリート	㎥	1.65
コンクリート体積	鉄筋構造物　σck=30N/mm2	堅壁	㎥	24.88
コンクリート体積	鉄筋構造物　σck=30N/mm2	フーチング	㎥	260.44

部材名称3は、A1橋台のファミリにしか設定されていないので、集計はA1橋台になります。
これで数量表の作成と確認は終了です。

集計表のタイトルは、表示されているタイトルをクリックして、編集できます。プロジェクト ブラウザの「集計表/数量(すべて)」にある名称をクリックしても編集できます。

02 橋梁プロジェクト（上部工）の作成

　Revitを使用することで、属性情報の付与や数量算出が可能な橋梁の設計を行うことができます。ここでは、一般的なコンクリート橋梁の上部工のモデリング方法について習得します。

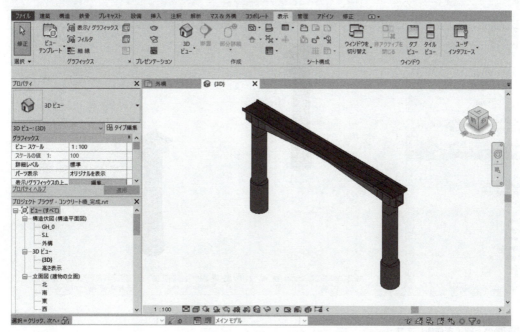

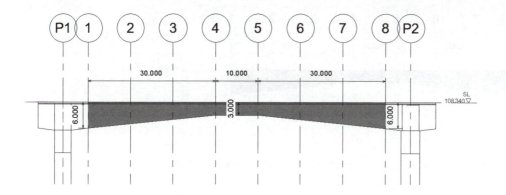

主な操作の流れ

①	パラメータの関連付け	パラメータをファミリタイプで管理できるようにします
②	パラメトリック部品の配置	張出ブロックファミリを配置します
③	壁高欄の作成	壁高欄を作成します
④	アスファルト舗装の作成	アスファルト舗装を作成します

パラメトリック部品の配置

Revit を起動し、**Dataset3¥橋梁編2**フォルダの「コンクリート橋_07.rvt」を開きます。

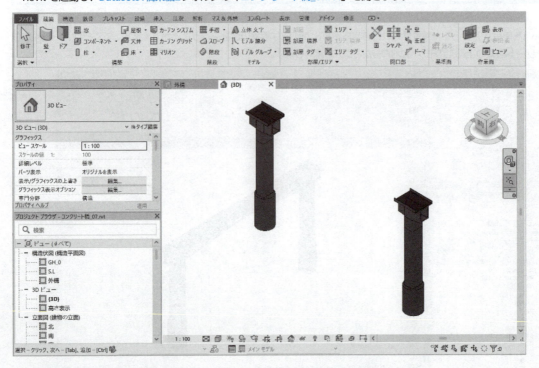

下記の部分の上部工を作成します。

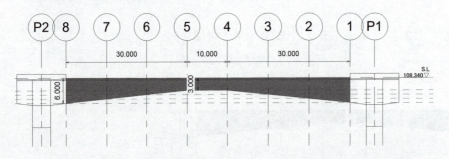

10mスパンで、桁高が6〜3mに変化していく上部工を作成します。S.Lは108.340です。

02 橋梁プロジェクト（上部工）の作成

STEP01 ［S.L］ビュー

プロジェクトブラウザの［構造伏図］の［S.L］をダブルクリックします。

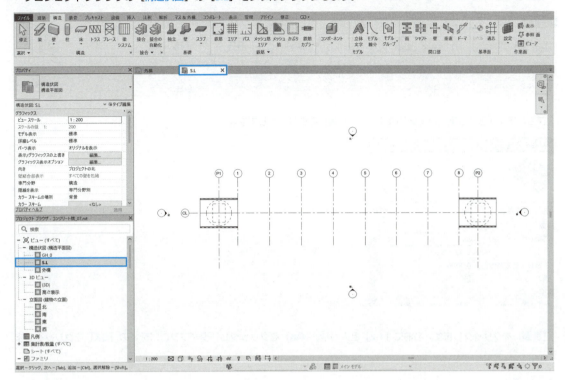

STEP02 張出ブロックをロード

［挿入］タブの［ライブラリからロード］から［ファミリロード］をクリックします。

Dataset3¥橋梁編2フォルダから「張出ブロック.rfa」を選択し、［開く］をクリックします。

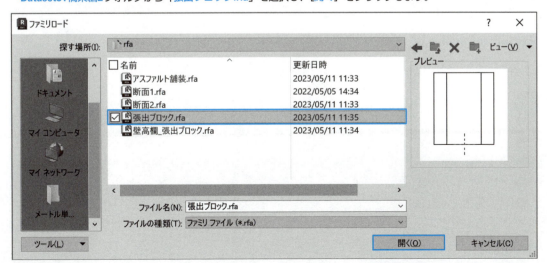

STEP03 張出ブロックの設定

［構造］タブの［モデル］から［コンポーネント］をクリックします。

プロパティから「張出ブロック」の［タイプ編集］をクリックします。

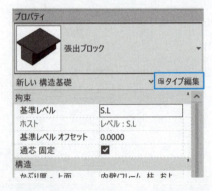

［複製］をクリックします。名前に「1-2」と入力し、［OK］をクリックし、タイププロパティの［OK］をクリックします。

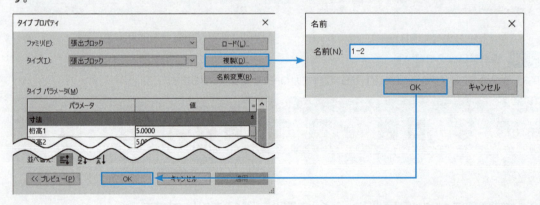

STEP04　張出ブロックの配置

通芯CLの上にカーソルを合わせて、キーボードのSPACEキーを3回押し、張出ブロックを回転させます。

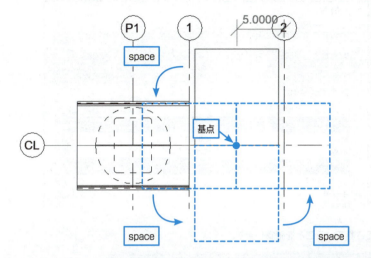

CL通りと1通りの交点を選択し、配置（クリック）します。Escキーを2回押してコマンドを終了します。

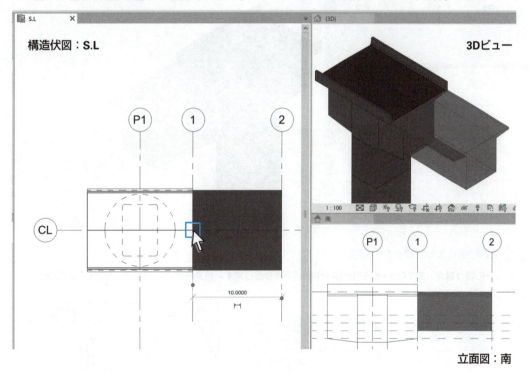

STEP05 桁高の修正

配置した「張出ブロック」を選択し、プロパティの［タイプ編集］を選択し、［桁高1］の値を変更します。

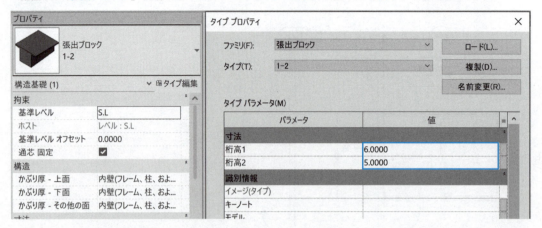

［3D］ビューで張出ブロックの桁高が修正されていることを確認します。

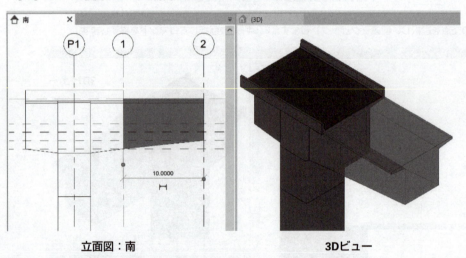

立面図：南　　　　　　　　　　　　　3Dビュー

STEP06 その他張り出しブロックの配置

［S.L］ビューに切り替え、STEP03～STEP05の操作手順を繰り返します。桁高を修正しながら、配置していきます。

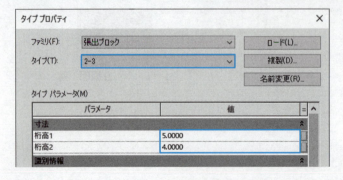

タイプ名	桁高1	桁高2
1-2	6.0	5.0
2-3	5.0	4.0
3-4	4.0	3.0
4-5	3.0	3.0
5-6	3.0	4.0
6-7	4.0	5.0
7-8	5.0	6.0

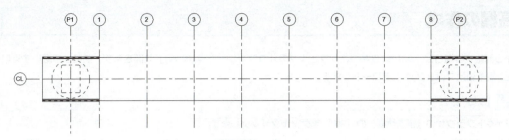

構造伏図：S.L

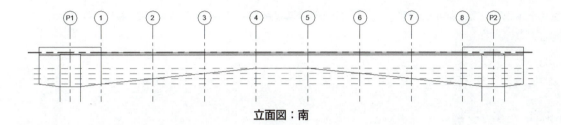

立面図：南

3Dビュー

これでパラメトリック部品の配置は終了です。

壁高欄の作成

ここから開始する場合は、**Dataset3¥橋梁編2**フォルダの「コンクリート橋_08.rvt」を開きます。前節から継続する場合は、「壁高欄_張出ブロック.rfa」をロードします。

STEP01　[S.L] ビュー

プロジェクトブラウザの［構造伏図］の［S.L］をダブルクリックします。

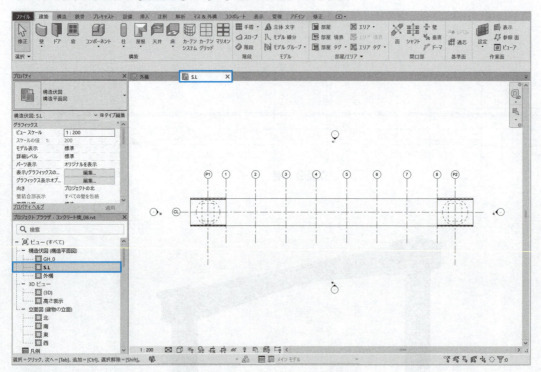

STEP02　壁高欄_張出ブロックの配置

［構造］タブの［モデル］から［コンポーネント］をクリックします。

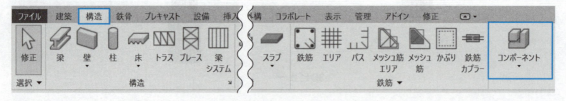

タイプセレクタより［壁高欄_張出ブロック］を選択します。

下図の位置にカーソルを合わせキーボードの**SPACE**キーを押すと、破線のように45度ずつ反時計回りに回転します。SPACEキーを押して、色付き実線の位置まで回転させます。

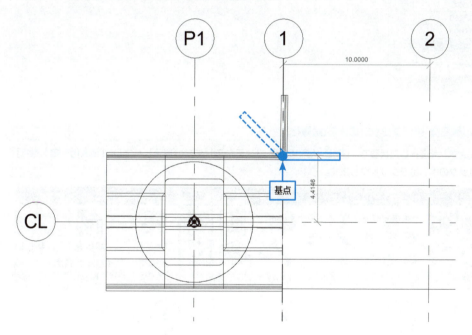

STEP03　壁高欄_張出ブロックの設定

[壁高欄長さ]に「70」、[水平距離]に「0」、[高さ調整_縦断勾配]に「0」と入力します。

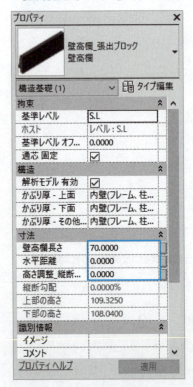

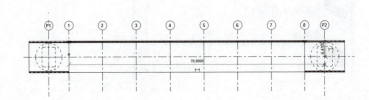

STEP04　反対側の壁高欄_張出ブロックの配置(鏡像化)

「壁高欄_張出ブロック」を選択した状態で、[修正|構造基礎]コンテキストタブ-[修正]パネル-[鏡像化－軸を選択]を選択し、張出ブロックの中心線をクリックします。

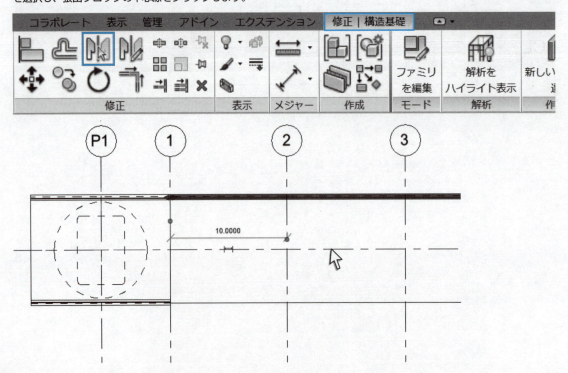

壁高欄が作成されました。

これで壁高欄の作成は終了です。

アスファルト舗装の作成

ここから開始する場合は、Dataset3¥橋梁編2フォルダの「コンクリート橋_09.rvt」を開きます。
前節から継続する場合は「アスファルト舗装.rfa」をロードします。

STEP01 ［S.L］ビュー

プロジェクトブラウザの［構造伏図］の［S.L］をダブルクリックします。

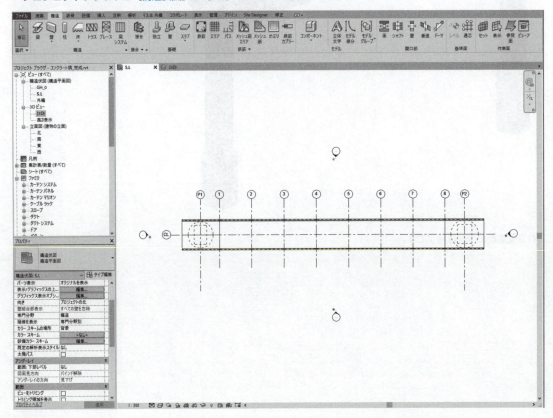

STEP02 アスファルト舗装の配置

［構造］タブの［モデル］から［コンポーネント］をクリックします。

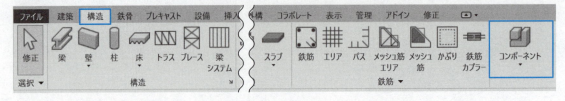

02　橋梁プロジェクト（上部工）の作成　**165**

タイプセレクタより［アスファルト舗装］を選択します。

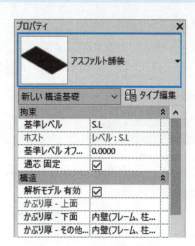

キーボードのSPACEキーを3回押して回転させます。

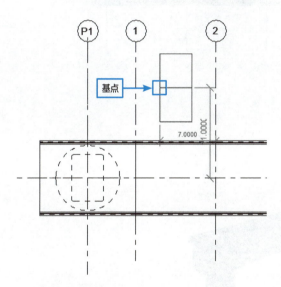

下図の□部分を指示し、配置します。

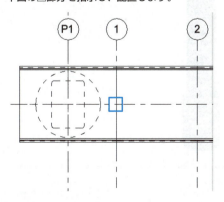

STEP03　アスファルト舗装の修正

［アスファルト舗装長］に「70」と入力します。

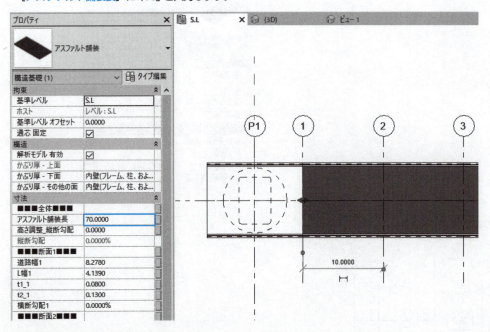

これでアスファルト舗装の作成は終了です。

第4章 その他の便利な機能

▶ **01** 構造解析

▶ **02** フェーズ

▶ **03** 共有ビュー、Autodesk Viewer

▶ **04** Revit Viewer

01 構造解析

　Revitは、モデル作成だけでなく構造解析との連携も考慮されており、AECコレクションユーザは、Revitで作成した解析モデルをAutodesk Robot Structural Analysis Professionalを利用してさまざまな解析をすることができます。ここでは、Revitのモデルから構造解析モデルを作成する手順とAutodesk Robot Structural Analysis Professionalを紹介します。
　なお、Revit 2022までのバージョンでは、モデルを作成すると自動的に解析モデルも作成されましたが、モデル化と解析を分離できるように、2023以降のバージョンでは、モデルを作成しても自動的に解析モデルは作成されません。

Autodesk Robot Structural Analysis Professionalは、Architecture, Engineering & Construction Collection でのみ利用できます。ダウンロードとインストール手順については、「はじめに」の「拡張機能・ソフトウェアのダウンロードとインストール」を参照してください。

　使い方を簡単に説明するために、1章で作成した梁と柱のモデルをさらに簡略した門型ラーメンを例に説明します。
　Dataset4¥構造解析フォルダから「解析01.rvt」を開きます。この例は、1章で説明した途中までのモデルです。解析モデルはまだ何も作成されていないため、「解析モデル」ビューを開いても何も表示されません。2022以前のバージョンで作成した場合は、解析モデルが表示されます。

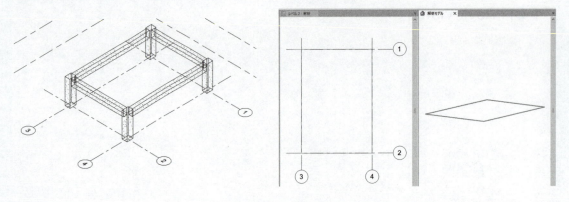

（物理）モデルから、解析モデルを作成する手順は、以下のようになります。

STEP01	形状（ジオメトリ）の作成	STEP03	解析の自動設定
STEP02	部材の解析用属性の設定		
STEP04	境界条件の設定		
STEP05	荷重の設定		
STEP06	Robot Structuralへの送信		

STEP01　形状（ジオメトリ）の作成

「レベル2-解析」ビューを表示させて、［解析］タブ-［構造解析用モデル］パネル-［部材］を選択します。

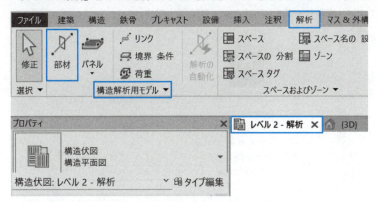

［修正|解析用部材］コンテキストタブ-［解析用部材］パネル-［始点/終点の定義］続いて［描画］パネル-［線］を選択して、梁の位置を指定します。

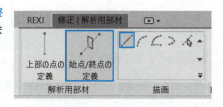

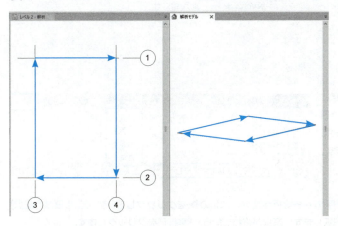

同様に、［上部の点の定義］を選択して、柱位置を4か所クリックします。

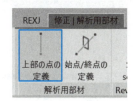

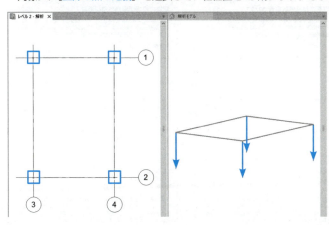

STEP02　構造解析用属性の指定

解析形状が作成できたので、個々の部材の属性を設定します。梁部材の1つを選択して、［プロパティ］の［マテリアルと仕上げ］、［構造］を以下のように設定します。断面タイプは、部材に合わせて設定します。

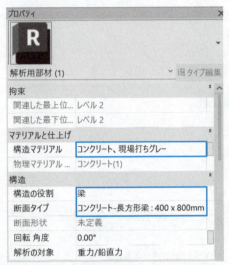
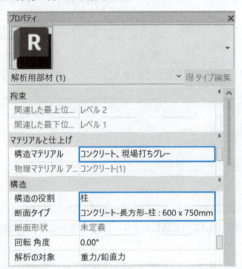

梁、柱すべての部材に対して設定を行います。

STEP03　解析の自動化

このように手動で設定することで、個別にさまざまな設定ができますが、［解析］タブ-［構造解析用モデル］パネル-［解析の自動化］を実行することにより、ここまでの処理を自動化することができます。

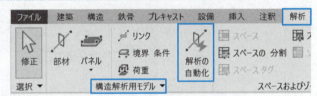

［解析の自動化］ダイアログから、［建物の物理要素から解析要素 2025.2］の▶をクリックして、［1.モデル要素を選択］の［選択］をクリックして、作成したモデルを選択します。選択が終わったら、［実行］をクリックします。

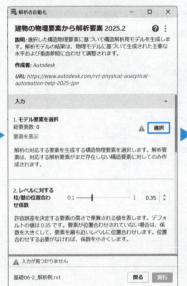
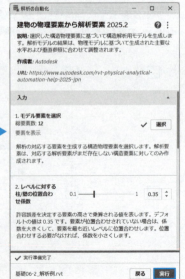

01 構造解析　171

実行後の解析モデルとともに、以下のように構造属性が自動で設定されます。

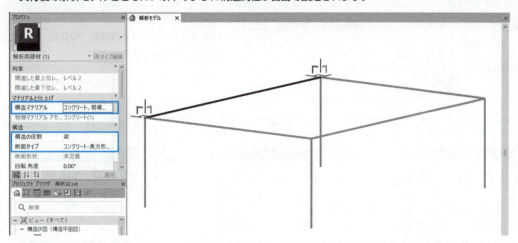

［解析］タブ-［修正|解析用部材］パネル-［始点/終点の定義］、［描画］パネル-［線］の際に、［コーディネーション］パネル-［アシスト付き関連付け］をチェックしておいて、解析モデルを作成していくと、対応する位置にある部材の属性を自動的に設定してくれます。
ただし、（物理）モデルを表示していないと対応できないので、「レベル2」ビューで作成するか、「レベル2-解析」ビューに（物理）モデルを表示させておく必要があります。

STEP04　境界条件の設定

ここから開始する場合は、**Dataset4¥解析**フォルダの「解析02.rvt」を開きます。このまま水平方向に荷重をかけると、移動してしまうので、境界条件を指定します。［解析］タブ-［構造解析用モデル］パネル-［境界条件］をクリックして、［修正|配置 境界条件］コンテキストタブ-［境界条件］パネル-［点］を指定します。

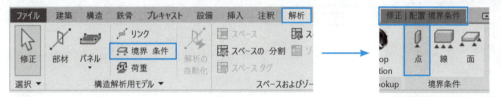

境界条件の［点］では、［固定］、［ピン］、［ローラー］、［ユーザ］を選択できます。ここでは、4点とも固定とします。

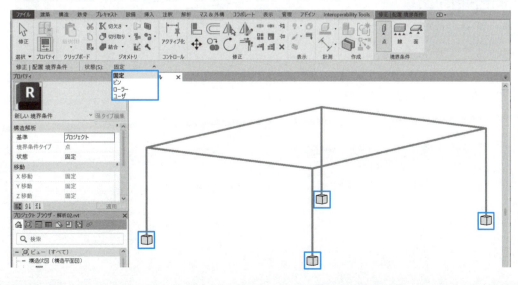

STEP05　荷重の設定

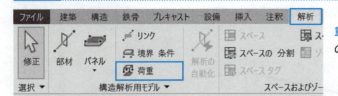

［解析］タブ-［構造解析用モデル］パネル-［荷重］をクリックします。点荷重、線荷重、面荷重のいずれかを指定します。

ここでは、以下のように点荷重と線荷重を設定します。

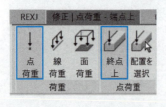
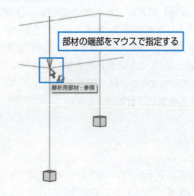

部材の端部をマウスで指定する

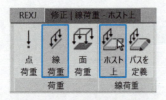

はじめに対象をクリックする　対象の上で位置を指定する

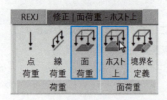
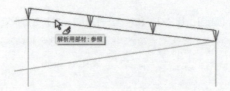

01 構造解析　173

STEP06　Robot Structural Analysisに転送

ここから開始する場合は、**Dataset4¥解析**フォルダの「解析03.rvt」を開きます。[解析]タブ-[構造解析]パネル-[Robot Structural Analysis] - [Robot Structural Analysisリンク] を押します。

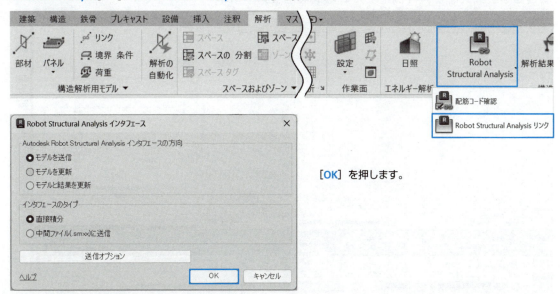

[OK] を押します。

転送が完了しました。確認の必要がなければ、[いいえ]を押します。

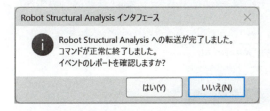

STEP07　Robot Structural Analysis

Robot Structural Analysisが起動して、Revitで設定した解析モデルが設定されているのがわかります。[レイアウト]によりモデルの表示を変更します。

[ジオメトリ]の表示

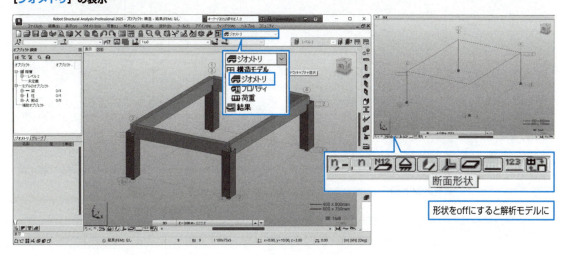

形状をoffにすると解析モデルに

【荷重】の表示

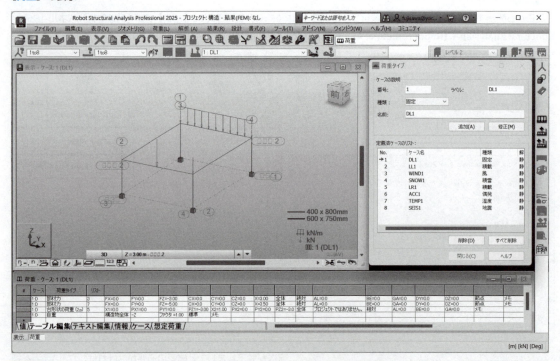

［解析］タブ-［計算］をクリックし、計算を実行します。

解析結果は、［レイアウト］の［結果-図］の設定により、以下のように表示することができます。

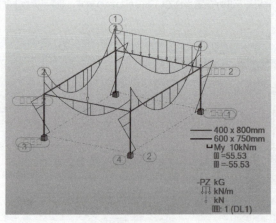
モーメント図

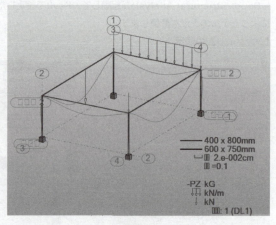
変位図

STEP08　結果をRevitで表示

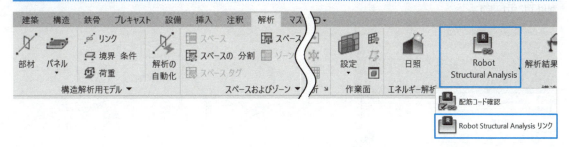

再度Revitに戻り、［Robot Structural Analysisリンク］をクリックします。

 Robot Structural Analysis 2024までは、Robot側からRevitに結果を送信していましたが、2025からは、Revit側からだけ取得するように変更されています。

［モデルと結果を更新］をクリックして、［OK］を押します。［Revitに結果を送信］ダイアログで、解析結果パッケージにチェックを入れ、モデル名、解析名を入力して［OK］を押します。

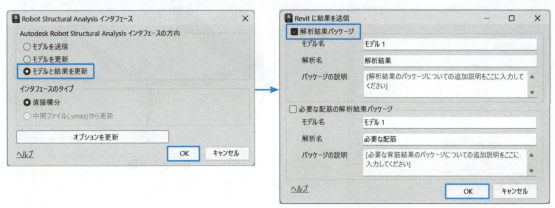

ここから開始する場合は、Dataset4¥解析フォルダの「解析04-結果.rvt」を開きます。［解析］タブ-［構造解析］パネル-［解析結果エクスプローラ］をクリックします。

個別の解析結果を表示するには、内容にチェックを入れ、[適用] をクリックします。変位図とモーメント図の表示例を以下に示します。

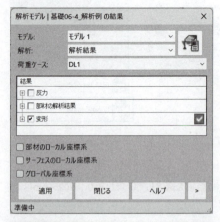

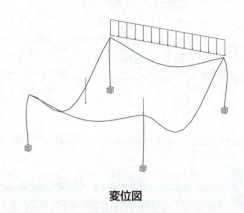

変位図

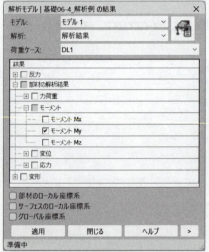

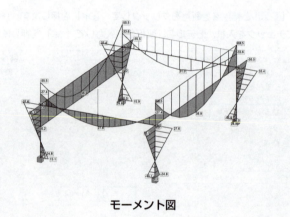

モーメント図

Revitでモデルを作成せずに、Robot Structural Analysis側でモデルを作成し、解析した結果をRevitに転送することもできます。

ここでは、操作方法だけを簡潔に示しています。実際の構造物をどのようにモデル化して、どの解析手法を用いるかは、個別に判断する必要があるので、実際の業務で適用するためには、構造解析の基礎知識を身に着けてから適用してください。

02 フェーズ

　設計では、主として新規に作成するモデルを作成します。一方、施工では、既設構造物との取り合いや、施工時の解体、仮設構造物なども検討する必要があります。
　こうした時間的な遷移を表現する手法として、フェーズがあります。モデルにフェーズを設定しておくことにより、Navisworks Manageに挿入し、タイムライナーを作成することも可能になります。

　ここでは、橋梁の作成手順をフェーズとして、以下のように作成します。

表-1 フェーズ設定

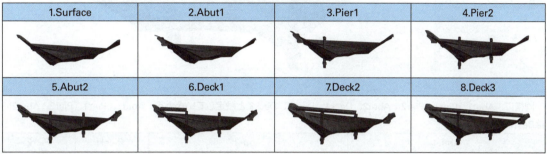

STEP01　フェーズ名の作成

　Dataset4¥フェーズフォルダの「Sample(フェーズ).rvt」を開きます。［管理］タブ-［フェーズ］パネル-［フェーズ］をクリックします。

　［フェーズ］ダイアログの［後に(F)］をクリックすると、新しいフェーズが追加されるので、ここに以下のように順番に名称を入力します。

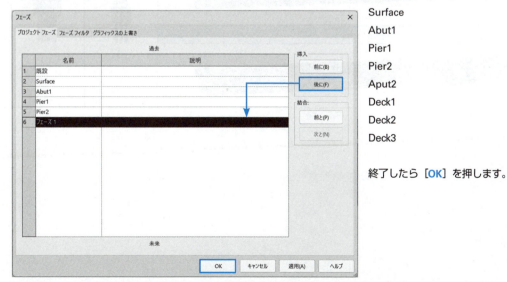

Surface
Abut1
Pier1
Pier2
Aput2
Deck1
Deck2
Deck3

終了したら［OK］を押します。

STEP02 フェーズの作成

　[3D] ビューで「現況地形」を選択して、プロパティの [フェーズ] - [構築フェーズ] を [Surface] にして [適用] を押します。作業を簡単にするために、設定した部材は右クリックして非表示にします。

　同様に、Abut1、Pier1、Pier2、Abut2、Deck1、Deck2、Deck3 と設定していきます。Abut1、Pier1、Pier2、Abut2にはBearingも含めます。

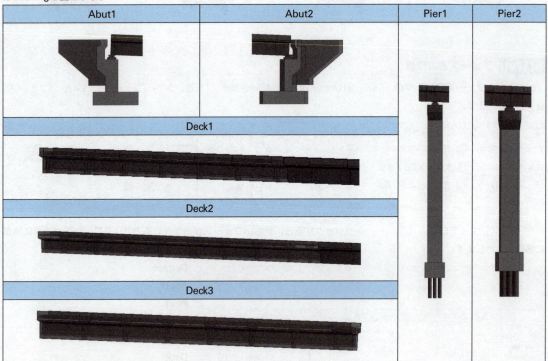

STEP03 作成したフェーズの確認

［3D］ビューのプロパティの［フェーズフィルタ］を［完全表示］にして、［フェーズ］を順に設定してそこまでの部材が表示されれば、うまく設定されています。設定は終了です。

Navisworksを用いてフェーズを利用した施工ステップの作成方法は、5章で説明します。

03 共有ビュー、Autodesk Viewer

　共有ビューは、Autodeskの多くの製品に搭載されている機能で、作成したモデルをクラウド上の共有領域に書き出して、表示、確認することができる機能です。共有ビューは、Autodesk Viewerというクラウドシステムに出力します。Autodesk Viewerは、Autodesk IDを取得したユーザは誰でも利用可能で、Revitなどを介さなくてもWeb上で利用することができます。

STEP01　［共有ビュー］

　共有したいモデルをRevitで表示させておきます。［コラボレート］タブ-［共有］パネル-［共有ビュー］をクリックして、［共有ビュー］を表示します。［新しい共有ビュー］を選択して、［共有ビューを作成］ダイアログに作成した名称を入力して、［共有］を押します。

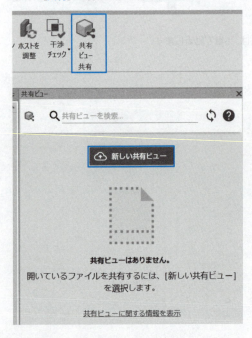
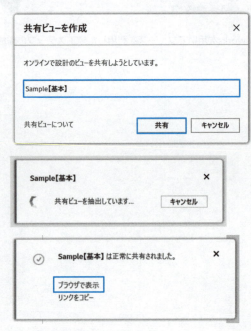

STEP02 [ブラウザで表示]

共有ビューが正常に作成されたら、[ブラウザで表示]を押すと、以下のように表示されます。

全体表示

断面:X軸

分解

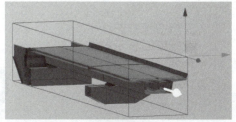
断面:四角形

[共有ビュー]パレットには、作成されたビューが表示されます。共有ビューは、作成後30日間保存されます。延長したい場合は、…三点リーダーをクリックして、[延長]を押します。

ほかのユーザに確認してもらう場合は、[リンクをコピー]を押して、メールなどでこのURLを送付してブラウザで表示・確認してもらいます。

共有ビューに作成されるのは、現在表示されているタブの内、アクティブになっているものだけです。

STEP03 【Autodesk Viewer】

モデル全体を確認してもらう際は、Autodesk Viewerを用います。
https://viewer.autodesk.com/
［サインイン］か［表示を開始］をクリックすると、［サインイン］になるので、Autodesk ID とパスワードを入力します。

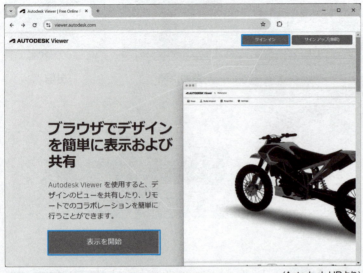
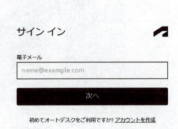

(Autodesk HPより)

STEP04 ［新しいファイルをアップロード］

サインインできると、自分で作成した共有ビューが表示されます。［新しいファイルをアップロード］をクリックして、ファイルをアップロードします。

03 共有ビュー、Autodesk Viewer 183

STEP05 表示確認

アップロードが完了すると、以下のように表示されます。3Dビューだけでなく、シートや個別の表示、プロパティの表示などができるようになります。

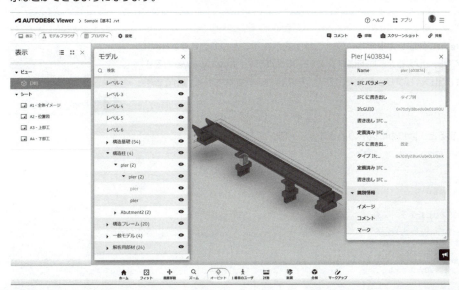

Autodesk Viewerは、Revitだけでなく以下のようなファイル形式をサポートしています。内容の確認を行うには非常に便利なツールです。

Autodesk Viewer	Autodesk Viewer では 80 種類以上のファイル形式を使用できるため、円滑にリモート コラボレーションできます。
ファイルの種類	3DM,3DS,A,ASM,AXM,BRD,CATPART,CATPRODUCT,CGR,COLLABORATION,DAE,DDX,DDZ,DGK,DGN,DLV3,DMT,DWF,DWFX,DWG,DWT,DXF,EMODEL,EXP,F3D,FBRD,FBX,FSCH,G,GBXML,GLB,GLTF,IAM,IDW,IFC,IGE,IGES,IGS,IPT,IWM,JT,MAX,MODEL,MPF,MSR,NEU,NWC,NWD,OBJ,OSB,PAR,PMLPRJ,PMLPRJZ,PRT,PSM,PSMODEL,RVT,SAB,SAT,SCH,SESSION,SKP,SLDASM,SLDPRT,SMB,SMT,STE,STEP,STL,STLA,STLB,STP,STPZ,VPB,VUE,WIRE,X_B,X_T,XAS,XPR,
対応	AutoCAD,3ds Max,Fusion 360,Revit,InfraWorks,BIM 360,Civil 3D,Maya (FBX 書き出しを使用),FormIt,Inventor,Navisworks,Netfabb,Character Generator,Eagle,Tinkercad
プラットフォーム	ブラウザ
機能	2D/3D ファイルをオンラインで表示、計測、マークアップ、レビュー、共有できます。

Autodesk Viewerは、モデルを表示して確認するための機能です。モデルを共有して、いろいろな関係者と協働するためには、第5章のAutodesk Construction Cloud を用います。

04 Revit Viewer

Revit Viewerは、Revitで作成したモデル、ファミリを表示することができます。Revit ViewerはRevitをインストールすると、同時にインストールされます。Revit Viewerでできないことは、保存、書き出し、パブリッシュ、出力で、そのほかの機能はすべて利用できます。

Revit Viewerを起動すると、はじめに以下のようなダイアログが表示されます。

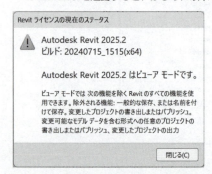

［閉じる］を押すと、Revitを起動した場合と同じような画面が表示されますが、上部に以下のようにビューアであることが表示されます。

プロジェクトへの変更が行われると保存が必要になるので、変更しない状態を保てば印刷も可能です。モデルの確認や、操作方法の練習などにも活用してください。

第5章 BIM/CIMデータ連携

- ▶ **01** InfraWorks モデルから IMX を書き出し（InfraWorks）
- ▶ **02** 地形データ（Civil 3D）
- ▶ **03** 地形と道路モデルの読み込み（Revit）
- ▶ **04** InfraWorks パラメトリックパーツの作成方法
- ▶ **05** IFC 出力
- ▶ **06** Autodesk Docs（Autodesk Construction Cloud）
- ▶ **07** 施工ステップの作成（Navisworks）

土木分野でBIM/CIMを用いて事業を推進する際のAECコレクションの利用場面は、以下のようになっています。

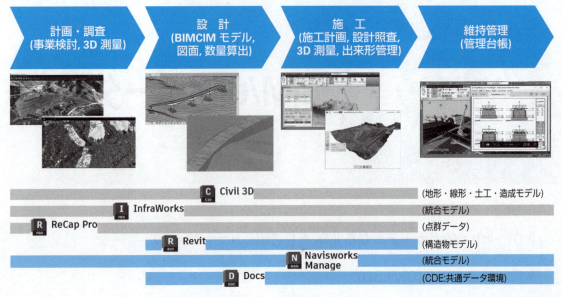

（Autodesk社提供資料に加筆）

　これらのソフトウェアで各段階において作成されたデータ・モデルは、CDE（共通データ環境）に格納され、世代を渡って相互に参照・更新され、多くの関係者と連携して利用されていきます。
　Revitでは主に構造物モデルが作成され、地形との取り合いではCivil 3Dの現況地形データを取り込み、施工計画ではRevitモデルがNavisworksに取り込まれます。
　InfraWorksでは、計画時・概略設計時のモデルの作成も可能で、こうしたモデルをCivil 3DやRevitに取り込んで、さらに詳細に編集することも可能になっています。
　この章では、InfraWorksのモデルビルダーで現況モデルを作成し、道路設計を行い、作成された橋梁モデルをRevitに取り込む方法を説明します。主な流れを以下に示します。

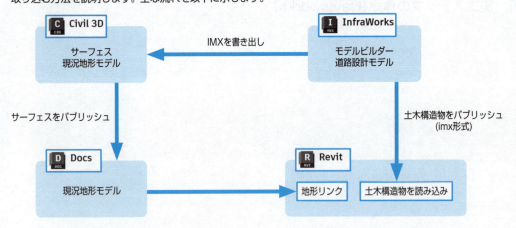

　以下の操作では、Autodesk Docsへのアクセス権と、Autodesk Desktop Connectorがインストールされて、Docsのプロジェクトに接続されている必要があります。

01 InfraWorks モデルから IMX を書き出し（InfraWorks）

InfraWorksモデルからIMXを書き出し（InfraWorks）

STEP01　IMX書き出し

InfraWorksを起動して、Sample2025.sqliteを指定してInfraWorksプロジェクトを開きます。このプロジェクトは、InfraWorksのモデルビルダーで作成した地形モデル上に道路モデルを作成したものです。Civil 3Dで読み込めるように、[掲示/共有] - [IMXを書き出し] で、全域をSample2025_IM_Export.imxに書き出します。

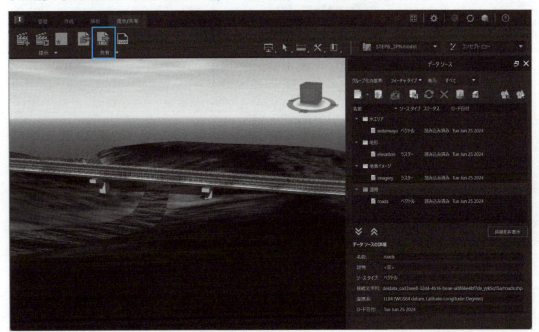

STEP02　橋梁モデルを選択

次に、Revitで読み込めるように、橋梁を選択してから右クリックして、[土木構造物をパブリッシュ] - [新規作成] をクリックします。

STEP03 「土木構造物をパブリッシュ」実行

[土木構造物をパブリッシュ] ダイアログの [場所] の [...] をクリックし、保存先を指定して [作成] をクリックします。

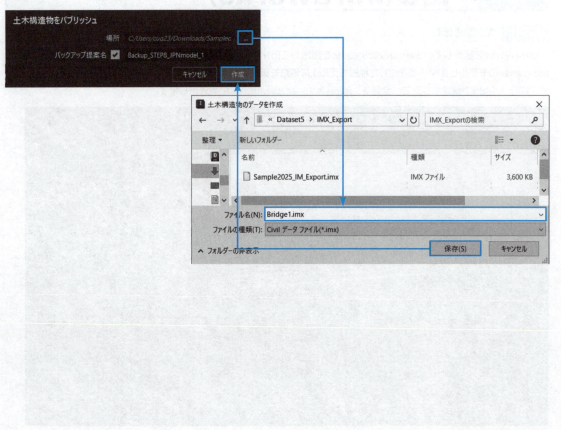

02 地形データ（Civil 3D）

STEP01　IMXを読み込み

　Civil 3Dを起動して、プロジェクトを新規作成します。［InfraWorks］タブ-［読み込み］パネル-［IMXを読み込み］をクリックして、前節で作成したSample2025_IM_Export.imxを読み込みます。

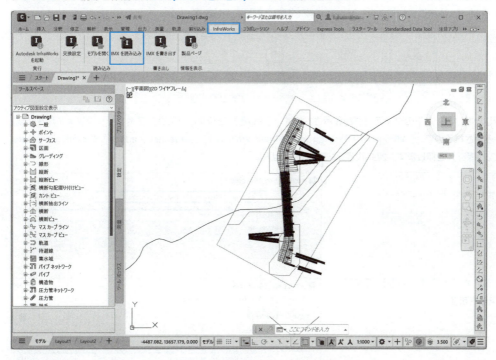

　読み込みが終わったら、Sample2025_IMXRead.dwgとして保存します。

STEP02　サーフェスをパブリッシュ

　［コラボレーション］タブ-［パブリッシュ］パネル-［サーフェスをパブリッシュ］をクリックします。［サーフェスをパブリッシュ］の［出力ファイルを指定］の［…］をクリックして、出力先を指定します。出力先は、Autodesk Docsのプロジェクトになります。

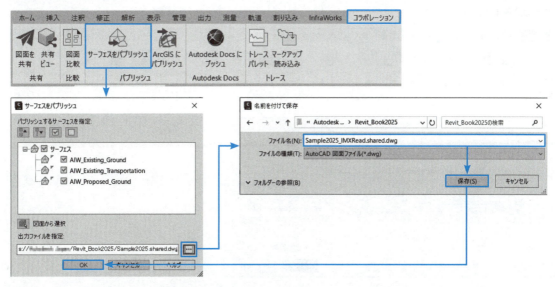

03 地形と道路モデルの読み込み（Revit）

STEP01　土木構造物の読み込み

Revitを起動して、構造テンプレートを利用して、新規プロジェクトを作成します。
プロジェクトの名前を**Sample2025_IWImport**として保存します。
［アドイン］タブ-［土木構造物］パネル-［土木構造物を読み込み］を押します。

初めて実行した場合は、以下のダイアログが表示されます。［閉じる］を押すと［共有パラメトリックファイルを作成］ダイアログが表示されるので、**C:¥Program Files¥Autodesk¥Revit 2025¥Addins¥Precast**フォルダの**SharedParameters.txt**を指定して、［保存］を押します。2回目以降は表示されません。

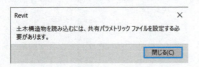
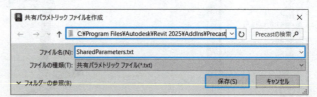

［土木構造物ファイルを読み込み］で前節の**Bridge1.imx**を開きます。

STEP02　地形リンク

次に、地形データを読み込みます。［挿入］タブ-［リンク］パネル-［地形リンク］を押し、前節で保存した地形モデルを読み込みます。

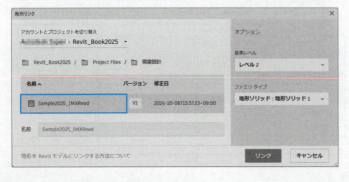

STEP03　地形モデルの表示変更

3Dビューで表示すると、以下のように地形と道路モデルが表示されます。

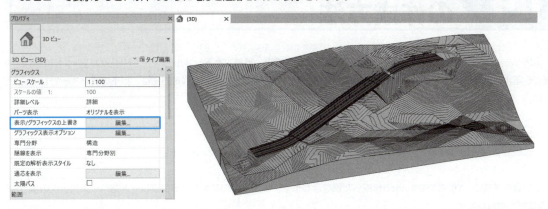

地形は、地形ソリッドリンクとして設定されています。地形ソリッドで表示されているのは等高線で、非表示にするには［プロパティ］の［表示/グラフィックスの上書き］-［編集］をクリックして、左図のようにチェックを外します。

STEP04　橋台を選択

橋梁を確認するために、地形ソリッドの表示をoffにします。従来は、InfraWorksのパーツは、AutodeskのInventorで作成されていましたが、橋梁の下部工とトンネルに関しては、Revitでも作成できるようになりました。先ほどのInfraWorksモデルでは、橋台と橋脚にRevitで作成したパーツを利用しています。このため、橋台をクリックすると、［ファミリを編集］が表示され編集することができます。

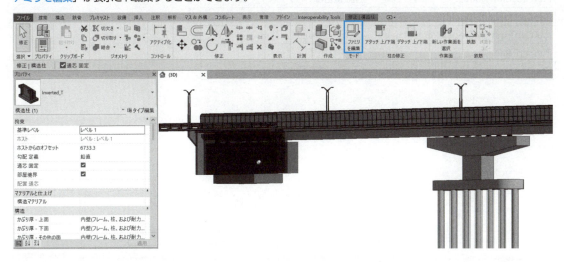

04 InfraWorksパラメトリックパーツの作成方法

　InfraWorks2023より、InfraWorksの橋梁下部工（橋台、橋脚、基礎）とトンネルのパラメトリックパーツをRevitで作成できるようになり、日本仕様のパーツとして橋台が公開されています。詳細な作成方法は、以下の資料を確認してください。

● InfraWorks橋梁モデリング新機能&日本仕様パーツのご紹介
https://bim-design.com/infra/assets/file/seminar_iw_bridge_parts.pdf?ver1.0.0

　上記資料を基に、T型橋脚をRevitで作成した例を示します。構造基礎のファミリテンプレートをベースに、次のようなT型橋脚を作成します。

名前	ラベル
PierHeight	高さ (基礎の根入長で調節)
PierColumnWidth	幅
PierThickness	奥行
PierCenterOffset	中心オフセット
PierFillet	小判型か?
PiercapLeftWidth	幅: 左
PiercapRightWidth	幅: 右
PiercapThickness1	奥行: 前面
PiercapThickness2	奥行: 背面
PiercapDepth	高さ: 中心
PiercapDepthHaunch	高さ: ハンチ
PiercapJointWidth	幅: 接合部
PierCapTopLeftSlopeInPercentage	勾配: 左 (%)
PierCapTopRightSlopeInPercentage	勾配: 右 (%)
PiercapFillet	小判型か?
StepHeight	ステップの高さ

次に、以下の示すようなパラメータを設定します。パラメータ名は、英字で作成してください。このパラメータ名を一致させることが重要で、パラメータ名が違うとうまくパラメータで駆動できないので注意してください。

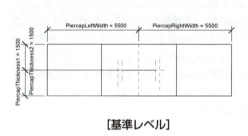

[基準レベル]

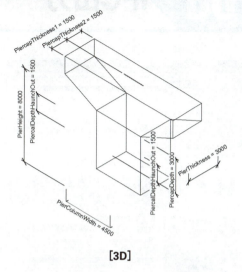

[3D]

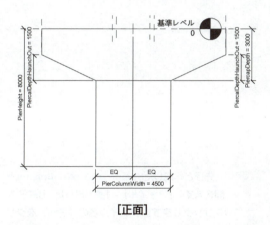

[正面]

[右]

設定されたファミリタイプは、以下のようになります。

パラメータ	値	式	ロック
マテリアルと仕上げ			
構造マテリアル	コンクリート - 現場打ちコンクリート	=	
寸法			
PierColumnWidth	4500.0	=	☐
PierHeight	8000.0	=	☐
PierThickness	3000.0	=	☐
PiercalDepthHaunchOut	1500.0	=	☐
PiercapDepth	3000.0	=	☐
PiercapLeftWidth	5500.0	=	☐
PiercapLeftidth	5500.0	=	☐
PiercapRightWidth	5500.0	=	☐
PiercapThickness1	1500.0	=	☐
PiercapThickness2 (報告)	1500.0	=	☐
長さ (既定値)	11000.0	=	☐

作成されたファミリは、**Dataset5¥IWParts¥JP-Pier1.rfa**にあります。

05 IFC出力

IFC（Industry Foundation Classes）ファイル形式は、buildingSMARTによって管理されている、さまざまなソフトウェアアプリケーション間の相互運用のためのファイル形式です。建築物のほか、土木構造物のオブジェクトとそれらのプロパティの読み込みや書き出しを行うための国際標準として制定されています。IFCをサポートしているソフトウェア間では、モデルの交換が可能となります。

STEP01 IFC出力先を指定

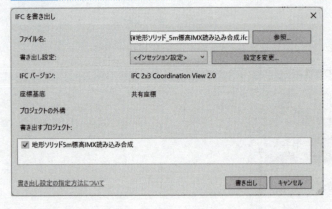

先ほど作成したSample2025_IWImport.rvtを開きます。［ファイル］-［書き出し］-［IFC］をクリックします。ファイル名の［参照］をクリックしてファイル名と出力先を指定します。

書き出し設定の［設定を変更］をクリックして、設定を以下のように変更します。

05 IFC出力

STEP02 IFC出力設定

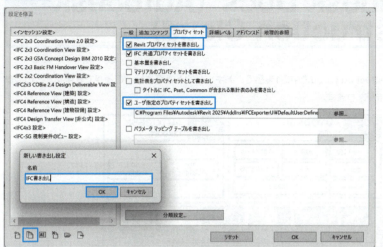

［プロパティセット］の［Revitプロパティセットを書き出し］と［ユーザ指定のプロパティセットを書き出し］にチェックを入れます。

［新しい書き出し設定］をクリックして、「IFC書き出し」として、［OK］をクリックします。

STEP03 IFC出力

設定が終わったら、［書き出し］をクリックすると、IFCが書き出されます。

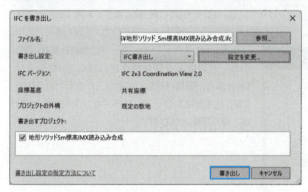

以下のようにファイルが出力されます。

名前	更新日時	種類	サイズ
地形ソリッド_5m標高IMX読み込み合成.ifc.sharedparameters.txt	2024/08/28 10:07	TXT ファイル	25 KB
地形ソリッド_5m標高IMX読み込み合成.ifc.RVT	2024/08/28 10:08	Autodesk Revit Proj...	171,984 KB
地形ソリッド_5m標高IMX読み込み合成.ifc.log.html	2024/08/28 10:08	Chrome HTML Docu...	2 KB
地形ソリッド_5m標高IMX読み込み合成.ifc	2024/08/28 9:35	Industry Foundation...	68,218 KB
Sample2024_IWImport_地形ソリッドなし.ifc	2024/08/28 10:56	Industry Foundation...	59,417 KB

Autodesk Docs（Autodesk Construction Cloud）

　Autodesk Docsは、Autodesk Construction Cloudの中の1製品で、ドキュメント管理を行うことができます。このほかに、BIM Collaborate、Build、Takeoffがあります。

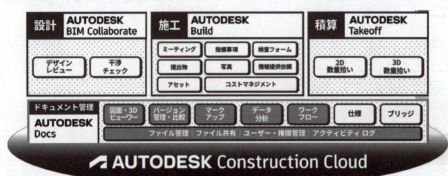

（Autodesk社資料より）

　Autodesk Docsは、AECコレクションのサブスクリプションユーザには、1ライセンスが付属します。利用にあたっては、Autodesk Accountにおいて、AECコレクションのほかに、Docsの割り当てを行う必要がありますので、注意してください。

　Autodesk Accountで、ユーザの登録状況を確認すると、左図のようになります。AECコレクション、Docsなど、追加可能なライセンスが表示されるので、[割り当て]をクリックしてライセンスを割り当てれば、使用可能となります。

STEP01　Docsに接続

　Autodesk Docsに接続します。
- Autodesk Docs
  https://acc.autodesk.com/

06 Autodesk Docs（Autodesk Construction Cloud）

STEP02　サインイン

Autodesk IDのメールアドレスとパスワードを入力します。

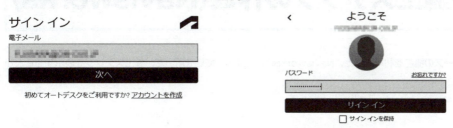

STEP03　IFCファイルをドラッグ＆ドロップ

先ほど変換したIFCファイルをドラッグ＆ドロップします。

　ファイル名をクリックすると、IFCファイルの内容が表示されます。部材を選択しておいて、プロパティを押すと、属性情報を表示することができます。

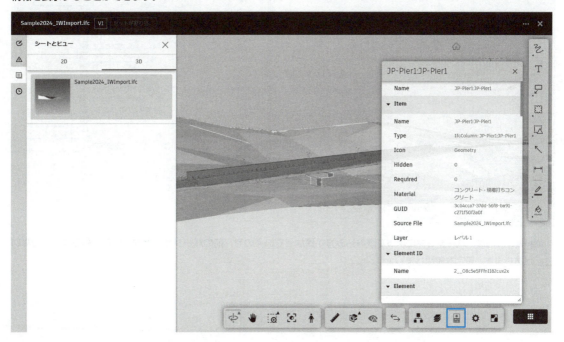

　そのほかのファイルも登録しておけば、同様に表示することができます。

07 施工ステップの作成（Navisworks）

4章で作成したフェーズの機能を利用すると、NavisworksのTimeLiner機能を用いて、施工ステップを表示することができます。
サンプルは、**Dataset5¥Navisworks**フォルダにあります。

 この操作には、Autodesk Navisworks Manage 2025を別途インストールする必要があります。ダウンロードとインストール手順については、「はじめに」の「拡張機能・ソフトウェアのダウンロードとインストール」を参照してください。

STEP01　Navisworksの起動

Navisworks Manage 2025を起動し、挿入時の設定を行います。［アプリケーションボタン］-［オプション］をクリックします。［オプションエディタ］-［ファイルリーダ］-［Revit］から［座標］を［共有］にし、［建築物の部品を変換］にチェックを入れて［OK］ボタンをクリックします。

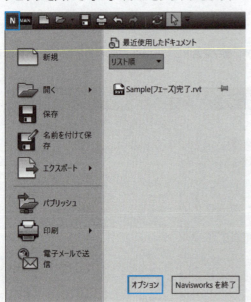
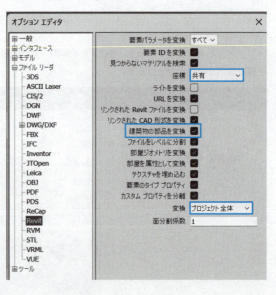

Navisworksは、バージョンによって読み込み方が異なっているので、前のバージョンと同じ設定でもうまく読めないことがあります。設定を確認しましょう。

STEP02　Revitモデルの読み込み

［ホーム］タブ - ［プロジェクト］- ［追加］で作成済みのプロジェクトファイル「**Sample(フェーズ)設定済.rvt**」を挿入します。

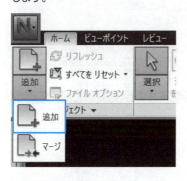
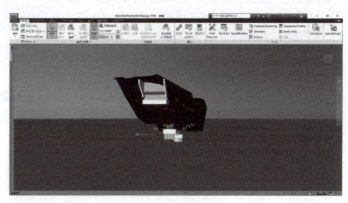

STEP03　TimeLiner

［ホーム］タブ - ［ツール］- ［TimeLiner］をクリックします。

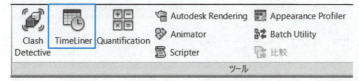
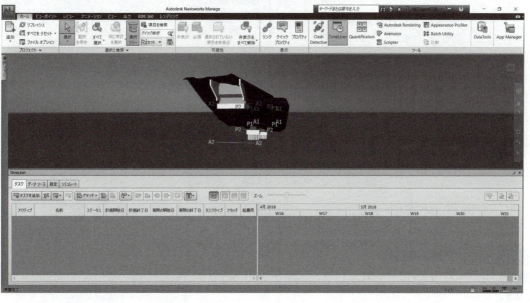

STEP04 設定

　Surfaceフェーズは、現況地形なので、時間軸によらずに表示させますので、新たに「地形」として開始時から終了時まで「モデル表現」とします。[設定] タブ-[追加] をクリックして、[名前] を「地形」、[開始表現]、[終了表現] を「モデル表現」とします。

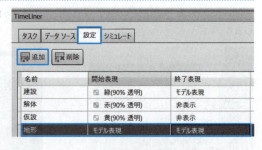

STEP05 工程表の読み込み

　CSV形式で事前に作成した工程表を読み込みます。[データソース] のタブをクリックします。[追加]-[CSVインポート] であらかじめ用意しておいた「工程表.csv」ファイルをインポートします。

　[フィールド選択] で右記のように選択し、[OK] をクリックします。

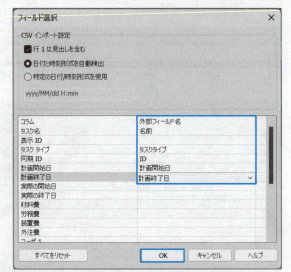

STEP06 [タスク階層を再構築]

　[新規データソース] 上で右クリックし、[タスク階層を再構築] をクリックします。

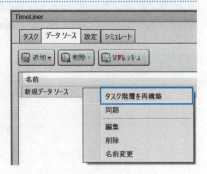

タブを［タスク］に切り替えます。このようにタスクが作成されていることが確認できます。

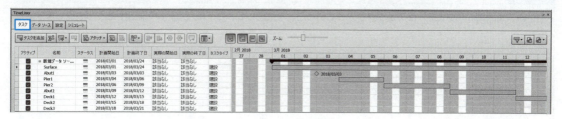

STEP07 ［ルールを使用して自動アタッチ］

［タスク］タブ - ［ルールを使用して自動アタッチ］をクリックします。［TimeLinerルール］で［新規］をクリックします。

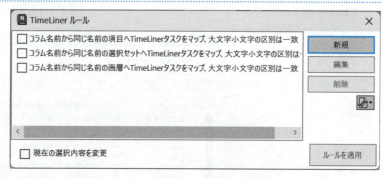

STEP08 ［ルールエディタ］

［ルールエディタ］で［ルール名］を「Revitフェーズにアタッチ」とし、［ルールテンプレート］で［カテゴリ/プロパティ別タスクに項目をアタッチ］を選択し、「カテゴリ名」のあとの下線部分をクリックして［構築フェーズ］を選択して［OK］します。次に「プロパティ名」のあとの下線部分をクリックして［名前］を選択して［OK］をクリックし、さらに［OK］をクリックしてルールエディタを閉じます。

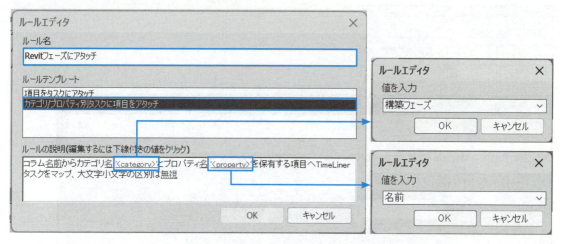

STEP09　ルールを適用

［Revitフェーズにアタッチ］にチェックが入っていることを確認して、右下の［ルールを適用］をクリックします。

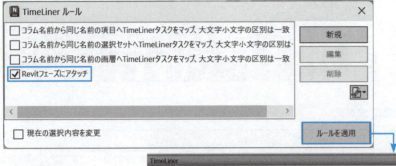

STEP10　シミュレートを実行

［シミュレート］タブをクリックします。［再生］ボタンで確認します。

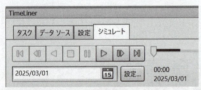

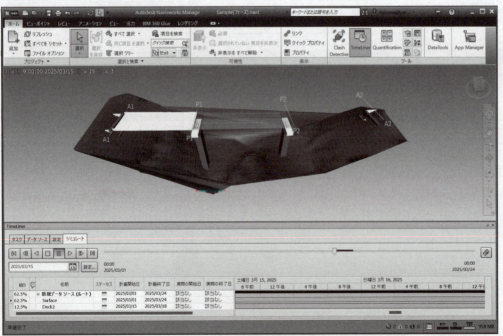

第6章 Revitの基本コマンドリファレンス

- ▶ **01** プロジェクトテンプレート
- ▶ **02** 位置合わせ
- ▶ **03** オフセット
- ▶ **04** 移動
- ▶ **05** 複写
- ▶ **06** 回転
- ▶ **07** トリム／延長
- ▶ **08** 配列複写
- ▶ **09** 鏡像化
- ▶ **10** 計測
- ▶ **11** 寸法
- ▶ **12** 作業面
- ▶ **13** マテリアル
- ▶ **14** マスの作成方法
- ▶ **15** オフライン接続表示
- ▶ **16** ライセンスの重複

01 プロジェクトテンプレート

プロジェクトには、専門分野ごとに以下の8つのテンプレートファイルが用意されています。それぞれ設定内容が異なりますので、目的に合わせたテンプレートを選択します。

ここでは、解析モデルや配筋用の設定が組み込まれている［構造テンプレート］を参考に、テンプレートの定義内容を確認します。

プロジェクト情報

プロジェクト名、プロジェクト番号などを登録しておくことができます。

STEP01

[管理] タブ - [設定] パネル - [プロジェクト情報] をクリックします。

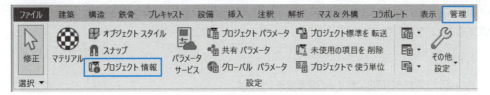

STEP02

[プロジェクト情報] ダイアログが開くので、必要な情報を入力し、[OK] を押します。

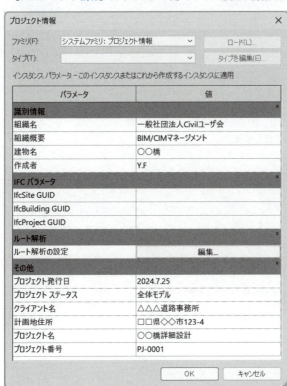

図面枠でも使用可能
入力したプロジェクト情報は、シートの図面枠にも使用することができます。

プロジェクト設定

プロジェクト設定では、以下のさまざまな項目を登録することができます。ここでは、よく使われるいくつかの項目を説明します

● オブジェクトスタイル
プロジェクト内のモデルオブジェクト、注釈オブジェクト、読み込まれたオブジェクトの線分の太さや色、線種パターン、マテリアルを指定することができます。

● 構造設定
プロジェクトに合わせた構造および接合に関する設定を変更できます。

STEP01

[管理] タブ - [設定] パネル - [構造設定] をクリックします。

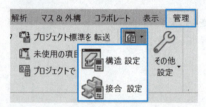

STEP02

[構造設定]、[接合設定] ともに必要な設定項目を設定し登録します。

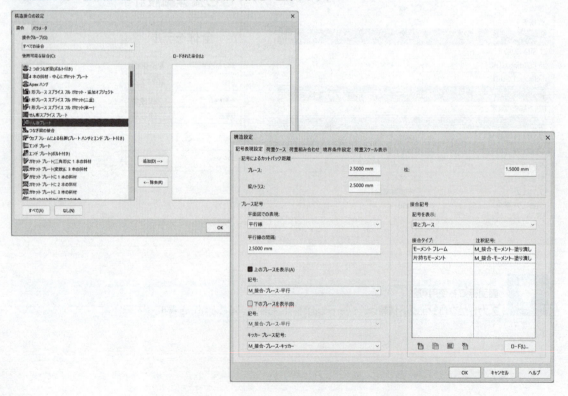

● スナップ

プロジェクトに合わせたスナップの設定を登録します。

STEP01

[管理] タブ - [設定] パネル - [スナップ] をクリックします。

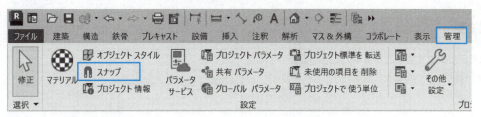

STEP02

[スナップ] ダイアログが開くので、ここでスナップの設定を変更します。

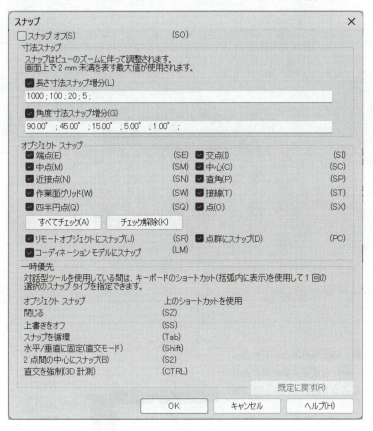

ビューテンプレート

　ビューテンプレートは、ビュースケール、専門分野、詳細レベル、表示設定などが定義されたテンプレートで、プロジェクトの整合性を維持します。設計図書作成時にも利用することができます。

ビュー範囲変更

　フロアごとにモデリングすることが基本のRevitでは、ビュー範囲はレベルごとに設定されています。

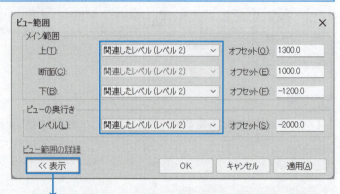

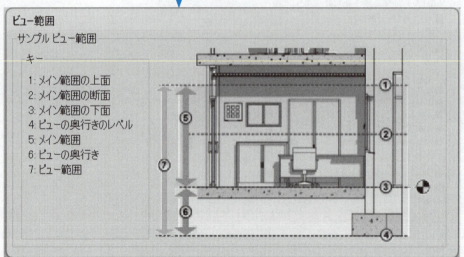

　土木構造物では、レベルはファミリ（部材）の配置基準として利用しますので、ビュー範囲（＝表示可能な範囲）設定を変更する必要があります。設定を変更しなかった場合、ビューによって表示されないオブジェクトができる可能性があります。

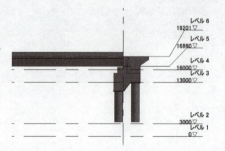

ビュー範囲の変更は、次の手順で行います。

STEP01

［プロジェクトブラウザ］から［構造伏図］-［レベル1］をクリックします。

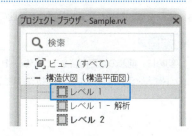

STEP02

［プロパティ］-［範囲］-［ビュー範囲］の［編集］をクリックします。

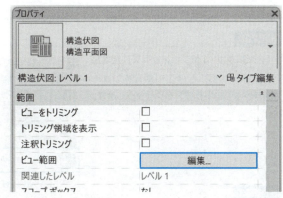

STEP03

［ビュー範囲］ダイアログが表示されるので、［上］、［下］、［レベル］の範囲を［無制限］に変更し、［OK］を押します。

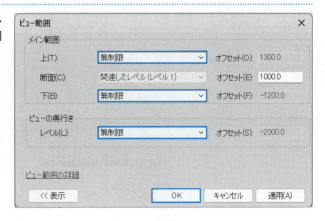

※ここでは、［レベル1］の変更手順を示していますが、この変更は全てのレベルに必要です。
　ほかのビューにも変更を適用する場合は、次の手順で変更するとスムーズに変更できます。

テンプレート変更内容をほかのテンプレートにも適用する

ここでは、前節で変更したビュー範囲の変更をレベル2に適用する手順で説明します。

STEP01

初めに、前節の変更内容をテンプレートに保存します。［プロジェクトブラウザ］の［構造伏図］-［レベル1］が選択されていることを確認します。

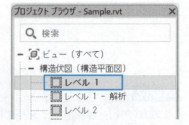

STEP02

［表示］タブ -［グラフィックス］パネル -［ビューテンプレート］-［現在のビューからテンプレート作成］をクリックします。

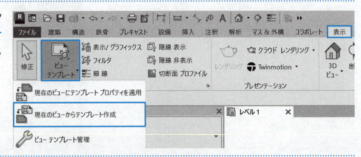

STEP03

［新しいビューテンプレート］ダイアログが開くので、名前を付けて［OK］をクリックします。［ビューテンプレート］ダイアログに新しいテンプレートが追加されるので、［OK］をクリックします。

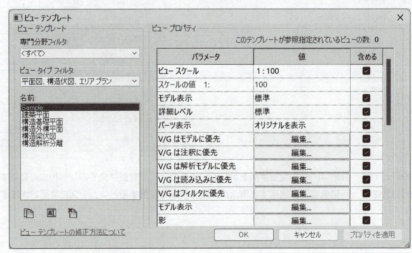

STEP04

レベル2にビューテンプレートの変更内容を適用します。［プロジェクトブラウザ］で［構造伏図］-［レベル2］をクリックします。

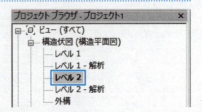

STEP05

［表示］タブ - ［グラフィックス］パネル - ［ビューテンプレート］- ［現在のビューにテンプレートプロパティを適用］をクリックします。

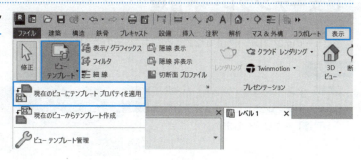

STEP06

［ビューテンプレートを適用］ダイアログが開くので、［名前］欄で、先ほど新たに登録したビューテンプレート名を選択して［OK］をクリックします。

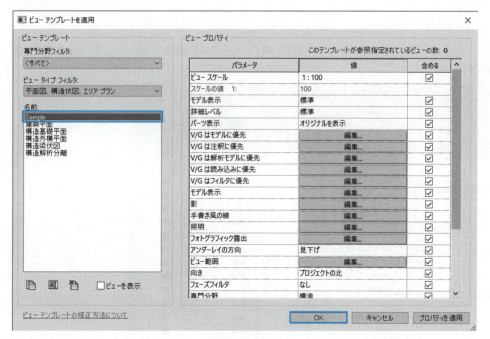

 プロジェクトブラウザからテンプレートを変更する
ビューテンプレートの適用と作成は、［プロジェクトブラウザ］上でレベルを選択して、右クリックのコンテキストメニューからも行うことができます。

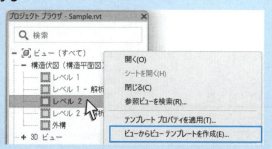

ビューテンプレート管理

各ビューのテンプレート設定を確認するには、以下のようにします。

STEP01

［表示］タブ - ［グラフィックス］パネル - ［ビューテンプレート］- ［ビューテンプレート管理］をクリックします。

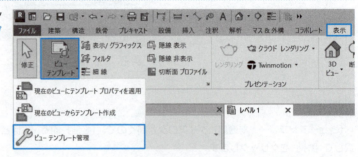

STEP02

［ビューテンプレート］ダイアログが開きますので、［名前］欄でビュー名称を選択し、［ビュープロパティ］側より各項目内容を確認します。

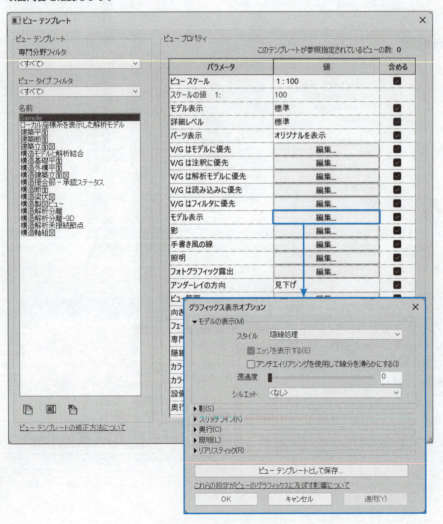

ファミリ

システムファミリとロードされたファミリが含まれます。プロジェクトテンプレートに既存でロードされているファミリが異なるので必要に応じて、ファミリをロード、修正または複製します。よく利用するファミリ、カスタム ファミリ、図面枠などは登録しておくと便利です。

プロジェクトビュー

プロジェクトに合わせて平面図、断面図、立面図、3D ビューや吹き出しなどの設定を登録することができます。作成は、［表示］タブ - ［作成］パネルより行います。

表示グラフィックス設定

モデルオブジェクト、基準面オブジェクトやビューごとの固有オブジェクトの表示設定は、ビューごとに設定されているので、プロジェクトに合わせて変更することができます。

 地形の表示

［構造テンプレート］の［表示グラフィックス］の設定では、［地盤面］、［外構］要素が既定では非表示に設定されています。設定変更手順は、次項を参照してください。

地形を表示させるには、［表示グラフィックス］の設定を変更する必要があります。また、この設定変更は、［テンプレート変更内容を他のテンプレートにも適用する］の手順で他のビューに適用することができます。

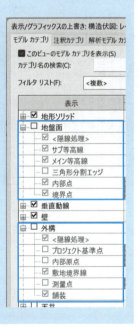

ここでは、地盤面と外構をサンプルに［表示グラフィックス］の変更手順を説明します。

STEP01

［表示］タブ - ［グラフィックス］パネル - ［表示／グラフィックス］をクリックします。

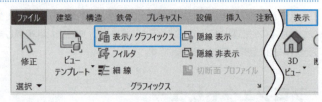

STEP02

［表示／グラフィックスの上書き］ダイアログが開きます。［フィルタリスト］をクリックし、［建築］と［構造］にチェックを付けます。
※［地盤面］と［外構］は、［建築］リストに含まれています。

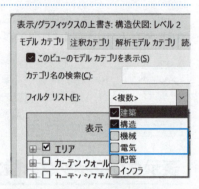

このように表示されます。［表示］欄でカテゴリ名称の前にチェックの付いているカテゴリのみ表示されます。

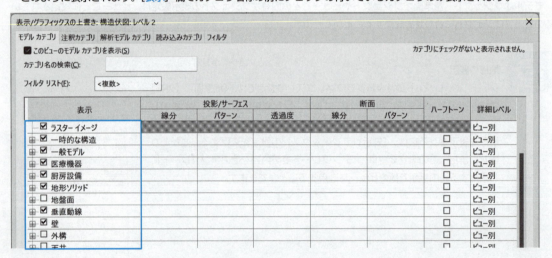

STEP03

[地盤面]、[外構]にチェックを付け、表示するように変更します。

出力設定

印刷設定を登録しておくことができます。

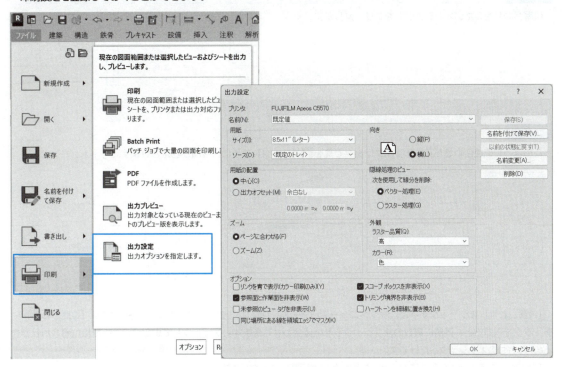

02 位置合わせ

オブジェクト間だけでなく、[参照線]や[参照面]との拘束やロックをかけるときにも位置合わせを利用でます。

STEP01

[修正]タブ-[修正]パネル-[位置合わせ]をクリックします。

STEP02

位置合わせ場所をクリックします。

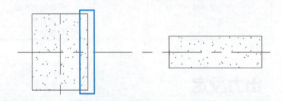

STEP03

位置合わせをしたいオブジェクトをクリックします。

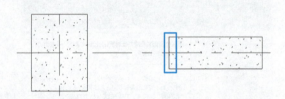

STEP04

このように位置合わせができます。クリックで鍵を 🔒 [ロック]すると、位置が固定されます。

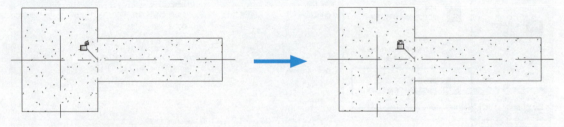

[位置合わせ]をクリックすると、サブメニューで[修正|位置合わせ]コンテキストタブが表示され、[位置合わせ]にチェックを入れると、同時に複数のオブジェクトを位置合わせできます。チェックしていないと、一度に位置合わせできるのは、1つのオブジェクトだけです。
[ロック]にチェックを入れておくと、位置合わせと同時にロックします。

03 オフセット

　線の長さ方向に垂直な距離を指定して、選択した要素（線分、壁、または梁など）をコピーまたは移動（オフセット）します。単一の要素または同じファミリに属している連続する要素をオフセットすることができます。

STEP01

［修正］タブ-［修正］パネル-［オフセット］をクリックします。

STEP02

［オプションバー］が表示されるので、オフセット距離を数値入力します。
※［コピーオフセット］（元のオブジェクトを残す）をしたい場合は、［コピー］にチェックを入れます。

STEP03

　オフセットするオブジェクトにマウスを近づけると、水色の補助線が表示されます。オフセット方向にマウスを動かし、クリックで確定します。

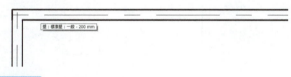

STEP04

このようにオフセットされます。

Tabキーを押しながら、マウスを近づけると、一連の要素が選択できるようになります。

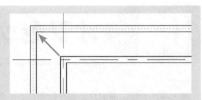

任意の場所にオフセットしたい場合は、[オプションバー]で[グラフィックス]を使用します。

▶STEP01

[オプションバー]-[グラフィックス]にチェックを入れます。

▶STEP02

オフセットしたいオブジェクトを選択します。

▶STEP03

オフセットの基点をクリックします。

▶STEP04

オフセット先をマウスでクリックします。

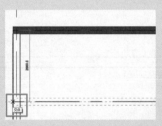

▶STEP05

このように作成されます。

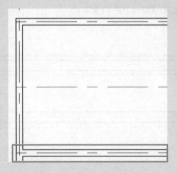

04 移動

オブジェクトを移動します。

STEP01

移動したいオブジェクトを選択します。

STEP02

［修正｜一般モデル］コンテキストタブが表示されますので、［修正］パネル -［移動］をクリックします。
一般モデルの部分は選択したオブジェクトの種類により変わります。

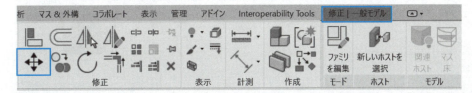

STEP03

選択したオブジェクト周囲には水色の破線が表示され、［ステータスバー］には、
［移動の始端を入力するにはクリックしてください］と表示されます。

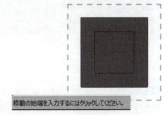

STEP04

移動の始点をマウスでクリックします。

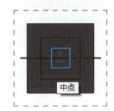

STEP05

移動先をマウスでクリックします。

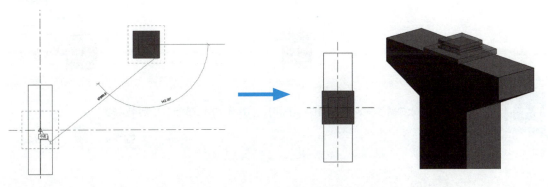

05 複写

P1で作成した沓をP2、P3に複写するケースをサンプルに複写の手順を説明します。

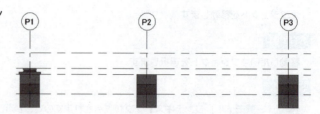

STEP01

複写したいオブジェクト（P1の沓）をクリックします。

STEP02

［修正｜一般モデル］コンテキストタブが表示されるので、［修正］パネル - ［コピー］をクリックします。

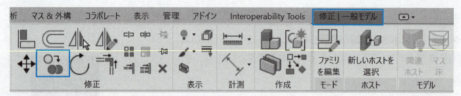

STEP03

P2、P3の2か所に複製するので、［オプションバー］-［複数］にチェックを入れます。

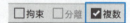

STEP04

複写の基点をクリックします。

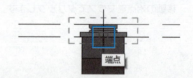

STEP05

コピー先をクリックします。

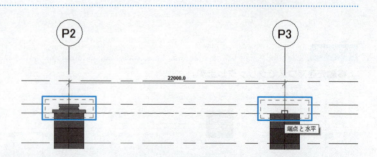

 ファミリーホストとの関連等がある場合に、［拘束］、［分離］のオプションを使用します。

06　回転

ファミリーロード後のインスタンスを回転したい場合をサンプルとして、回転の手順を説明します。

STEP01

回転したいオブジェクトを選択します。

STEP02

［修正｜構造フレーム］コンテキストタブが表示されるので、［修正］パネル - ［回転］をクリックします。

STEP03

回転時の中心を指定するので、［オプションバー］- ［配置］をクリックします。

STEP04

回転の中心をクリックして、［回転コントロール（●）］を移動します。クリックした位置に［回転コントロール］が移動します。

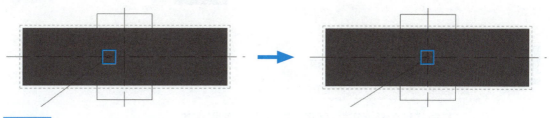

STEP05

回転開始位置でマウスをクリックします。

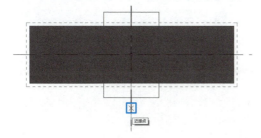

STEP06

回転角度を指定します。画面上をクリックして回転角度を指定することもできますが、下記のように数値入力することもできます。

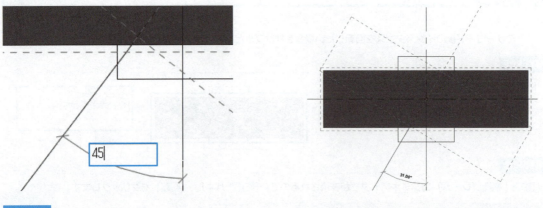

STEP07

このようにファミリの角度が変わりました。

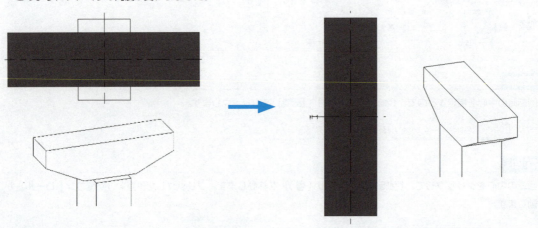

［回転］ツールのオプションを説明します。

□分離　□コピー　角度：　　　回転中心：配置　既定値

［分離］：結合している要素を分離して回転させたい場合に使用します。
［コピー］：元の要素を残したまま回転をしたいときに使用します。
［角度］：回転角度を入力し**Enter**キーを押すと、他のステップを行わずにダイレクトに回転させることができます。

07 トリム／延長

　Revitには、トリムと延長に関するツールは3つ用意されており、［修正］タブ - ［修正］パネルから表示することが出来ます。

※ ［トリム／延長］ツールは、ツール実行時、オブジェクト選択には、リボンのコンテキストタブの［修正］パネルから表示されます。ここでは、ファミリ作成画面にツールの使用方法を説明しているので、コンテキストタブよりツールを表示しています。

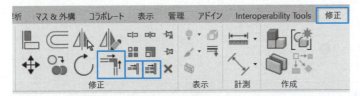

単一要素をトリム／延長

［修正 | 作成押し出し］コンテキストタブ - ［修正］パネル - ［単一要素をトリム／延長］をクリックします。
※コンテキストタブが表示されていない場合は、［修正］タブ - ［修正］パネルよりツールを表示します。

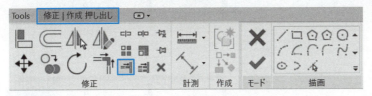

STEP01
トリム／延長の対象となる要素を選択します。[①]

STEP02
トリム／延長する要素を選択します。[②]

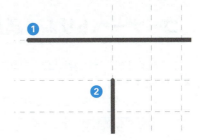

STEP03
このように延長されます。

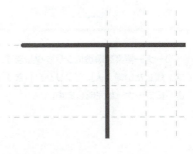

複数要素をトリム／延長

ここでは、［修正｜作成押し出し］コンテキストタブが表示されているので、［修正］パネル - ［複数要素をトリム／延長］をクリックします。

※コンテキストタブが表示されていない場合は、［修正］タブ - ［修正］パネルよりツールを表示します。

STEP01

トリム／延長の対象となる要素を選択します。［①］

STEP02

トリム／延長する要素を選択します。［②］

 Revitのトリムでは、クリックした側が残ります。

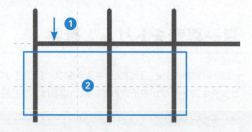

STEP03

このようにトリムされます。

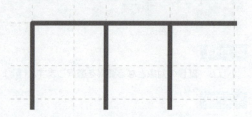

コーナーへトリム／延長

ここでは、［修正｜作成押し出し］コンテキストタブが表示されているので、［修正］パネル - ［コーナーへトリム／延長］をクリックします。

※コンテキストタブが表示されていない場合は、［修正］タブ - ［修正］パネルよりツールを表示します。

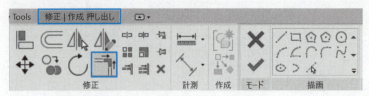

コーナー要素を順番にクリックします。トリムの場合は、残したい側［→］でクリックします。すると、このようにコーナーが完成します。

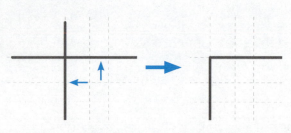

08 配列複写

杭を配置する例で［配列］の手順を説明します。

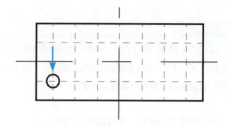

STEP01
配列複写の元となる杭を選択します。

STEP02
［修正 | 構造基礎］コンテキストタブが表示されるので、［修正］パネル - ［配列］をクリックします。

STEP03
［オプションバー］が表示されるので、ここでは［直線状配列］と［終端間］を選択します。

STEP04
直線状配列の始点をクリックします。

移動の始端を入力するにはクリックしてください。

STEP05
直線状配列の終点をクリックします。

移動の終端を入力するにはクリックしてください。

STEP06
複写する数を入力します。

配列の数を入力

STEP07

このように配列複写されます。

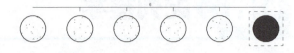

STEP08

同様の手順で、STEP07で作成した杭6本を縦方向にも配列複写します。杭6本を配列複写要素として選択し、[配列]を選択し、始点を指定します。

終点位置を指定し、複写回数を指定します。

このように複写されます。

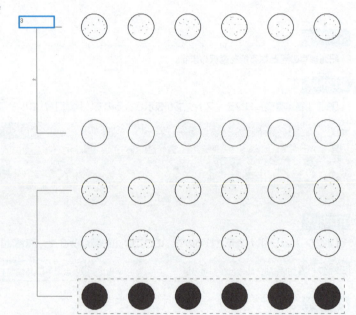

 [配列複写]ツールのオプションを説明します。

[円形状配列複写]：円形状に配列複写します。
[グループ化と関連付け]：配列複写した要素をグループ化している場合
　2点間：複写要素間の距離を指定する場合に使用します。
　終端間：複写全体のスパンを指定する場合に使用します。
[拘束]：選択した要素と垂直／同一直線上にあるベクトルに沿った配列複写部材移動を制限します。

09 鏡像化

鏡像化は、鏡に映して要素を複写するように、線対称に複写する機能です。Revitの鏡像化には2つの方法があります。

鏡像化 - 軸を選択

STEP01

鏡像化する要素を選択します。ここでは、アバット全体を選択しています。

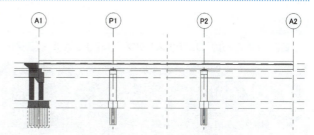

STEP02

[修正｜一般モデル] コンテキストタブ - [修正] パネル - [鏡像化 - 軸を選択] をクリックします。

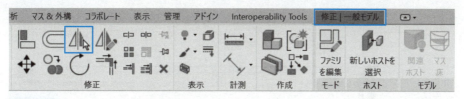

STEP03

鏡像化する時の軸をクリックします。ここでは、あらかじめ真ん中に参照面を作成しています。

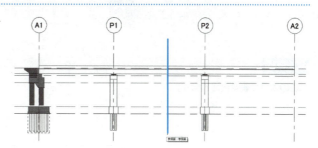

STEP04

このように鏡像化されます。

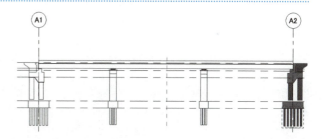

鏡像化 - 軸を描画

STEP01

鏡像化する要素を選択します。ここでは、アバット全体を選択しています。

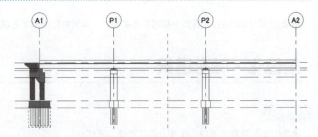

STEP02

［修正｜一般モデル］コンテキストタブ - ［修正］パネル - ［鏡像化 - 軸を描画］をクリックします。

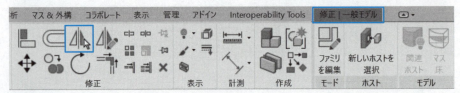

STEP03

軸を描画します。

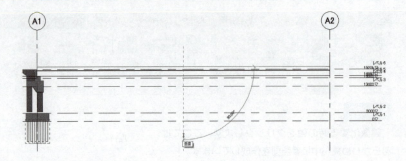

STEP04

このように鏡像化されます。

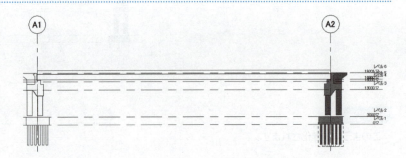

10 計測

2点間を計測

STEP01

［修正］タブ -［計測］パネル -［2点間を計測］をクリックします。

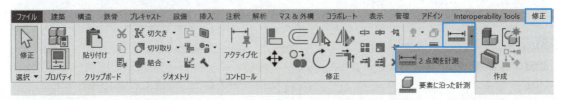

STEP02

計測したい要素をクリックします。

STEP03

反対側の要素もクリックします。

STEP04

このように長さが表示されます。

オプションバーにも長さの合計が表示されます。［連結］にチェックを入れると、連続して計測した長さの合計が表示されます。

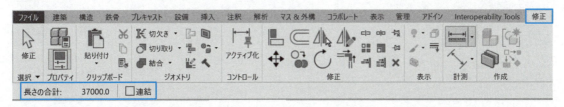

要素に沿った計測

STEP01

［修正］タブ - ［計測］パネル - ［要素に沿った計測］をクリックします。

STEP02

計測したい要素をクリックします。

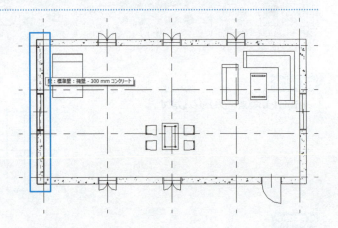

STEP03

壁の角度と長さが表示されます。［オプションバー］にも長さが表示されます。

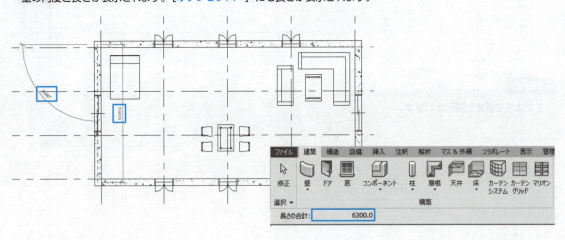

11 寸法

STEP01

[修正]タブ-[計測]-[長さ寸法]をクリックします。

[修正|寸法を配置]コンテキストタブ-[寸法]パネルが表示されるので、目的にあった寸法を選択します。ここでは、[平行寸法]を選択します。

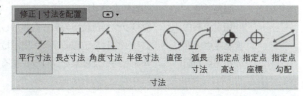

STEP02

寸法を引きたい要素を順番にクリックします。

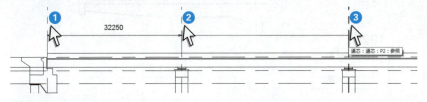

STEP03

寸法線を表示したい位置でクリックすると、寸法線が作成されます。

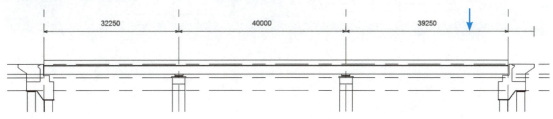

鍵が表示されるので、その位置で固定したい場合は、鍵をロックします。

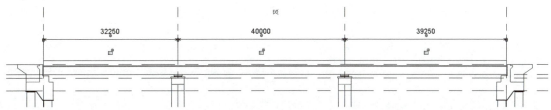

Revitでは、ほかにもさまざまなタイプの寸法線を作成することができます。

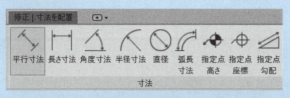

- 平行寸法　　　要素に平行な寸法を作成します。
- 長さ寸法　　　参照点の間の距離を水平／垂直寸法で作成します。
- 角度寸法　　　角度寸法を作成します。
- 半径寸法　　　半径の寸法を作成します。
- 直径　　　　　円または円弧の直径を作成します。
- 弧長寸法　　　曲線要素の寸法を作成します。
- 指定点高さ　　クリックした位置の高さを表示します。
- 指定点座標　　クリックした位置の座標を表示します。
- 指定点勾配　　勾配を持った要素をクリックすると勾配を表示します。

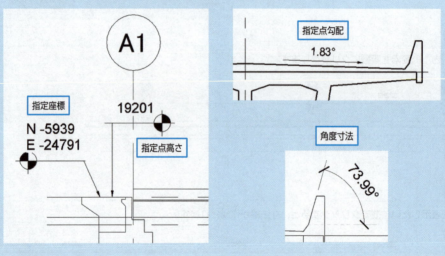

12 作業面

Revitでは、モデリング時に作業面を設定する必要があります。

作業面
作業面とは、要素をスケッチするための基準として使用される仮想の2次元サーフェスで、各ビューは作業面に関連付けられています。たとえば、平面図はレベルに関連付けられており（水平な作業面）、立面図ビューは垂直の作業面に関連付けられています。
Revitでは、指定されたレベルや作業面で要素をスケッチします。ファミリの配置も同様に指定されたレベルや作業面に配置されます。

作業面は次の目的で使用されます。
- ビューの基準点として
- 要素をスケッチするため
- 特定のビューでツールを有効にするため
- 作業面ベースのファミリを配置するため

平面図ビュー、3Dビュー、ファミリエディタには作業面が自動的に設定されますが、立面図や断面図ビューには、作業面を手動で設定する必要があります。

右は、［上部工］の天端に作業面が設定されており、高欄と舗装面はこの作業面の上で作成されています。

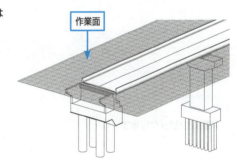

壁面に書かれたTypeAという文字は、壁が作業面に設定されています。
このように、Revitでは、指定した作業面上でモデリングが行われます。

作業面の設定手順

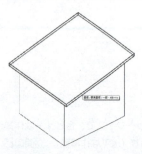

以下のような斜めの斜面に看板をつける場合は、このように［作業面］を設定します。

STEP01

［構造］タブ -［作業面］パネル -［設定］-［作業面を設定］をクリックします。

STEP02

［作業面］ダイアログが表示されますので、［平面を選択］を選択し、［OK］ボタンを押します。

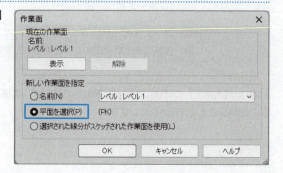

STEP03

斜面をクリックします。

STEP04

確認のために［構造］タブ -［作業面］パネル -［表示］をクリックします。

STEP05

右のように水色で［作業面］が表示されます。

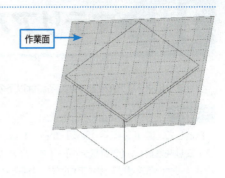

STEP06

このように斜面に文字が作成できるようになります。

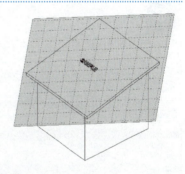

13 マテリアル

ファミリにマテリアルを割り当てるには以下の手順で行います。

STEP01

例として、［ファミリ］-［開く］から、**Japanese¥構造フレーム¥コンクリート¥コンクリート-長方形梁.rfa**を開きます。ファミリを選択し、［プロパティ］-［マテリアルと仕上げ］-［マテリアル］の右端の［=］をクリックします。［ファミリパラメータの関連付け］ダイアログで、［構造マテリアル］を選択し［OK］ボタンを押します。

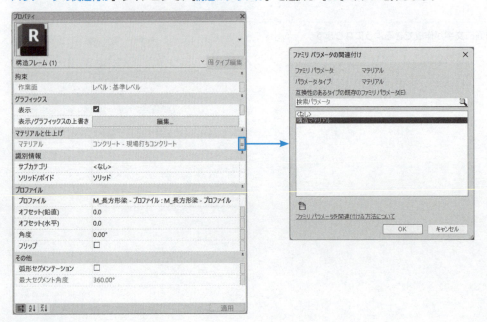

STEP02

［作成］タブ-［プロパティ］パネル-［ファミリタイプ］をクリックします。

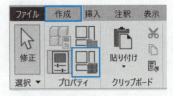

STEP03

［構造マテリアル（既定値）］の値を確認すると、「コンクリート-現場打ち」に設定されていることがわかります。このマテリアルを変更します。［構造マテリアル（既定値）］の値をクリックすると、［…］が表示されるのでクリックします。

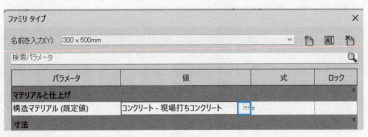

STEP04

マテリアルブラウザが開きます。❶、❷、❸、❹をクリックし、以下のように表示を変更します。

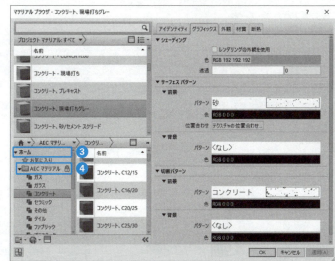

STEP05

［コンクリート、現場打ち、灰色］をクリックし、[↑]をクリックします。

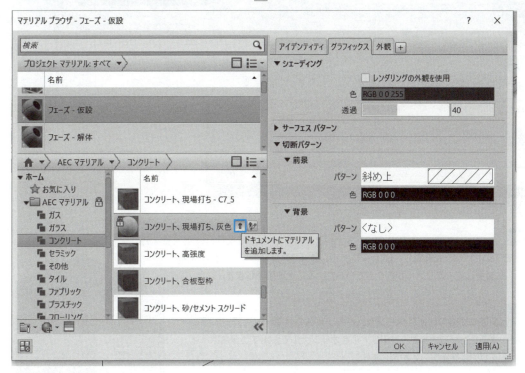

STEP06

プロジェクトマテリアルに［コンクリート、現場打ち、灰色］が追加されたので、［OK］ボタンをクリックします。

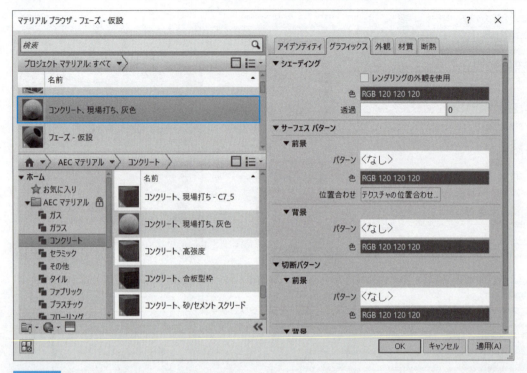

STEP07

このようにマテリアルが割り当てられます。

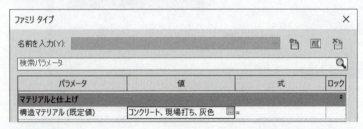

STEP08

ビューを［3D］ビューに変更し、［表示スタイル］を［リアリスティック］か［テクスチャ］に変更してマテリアルが割り当てられていることを確認します。

 断面作成時の切断パターンや、サーフェスのパターンも同時に設定することができます。マテリアルをオリジナルで設定する場合は、マテリアルを複製して設定します。

14 マスの作成方法

インプレイスマスを使って曲線を作成します。構造テンプレートを使って新規プロジェクトを開きます。「レベル 2」ビューで作業します。

STEP01

[マス&外構]タブ -[コンセプトマス]パネル -[インプレイスマス]をクリックします。

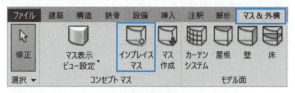

右のようなダイアログが表示される場合は、そのまま[閉じる]のボタンをクリックしてダイアログを閉じてください。

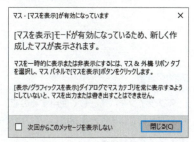

STEP02

マスに名前をつけ、[OK]ボタンを押します。

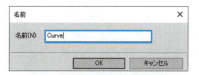

STEP03

パスを作成します。[作成]タブ -[描画]パネル -[点要素]をクリックします。

STEP04

マウスをクリックして、パスを通る4つの参照点を作成します。

STEP05

STEP04で作成した4つの参照点を選択して、[修正|参照点] コンテキストタブ - [描画] パネル - [複数の点を通るスプライン] をクリックします。

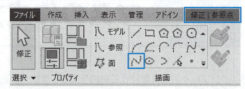

このようにスプラインが作成されますが、参照点の位置によっては、思うようにスプラインが作成されない場合があります。

その場合は、[スプライン] ツールを使用して4点を結ぶように作成してください。

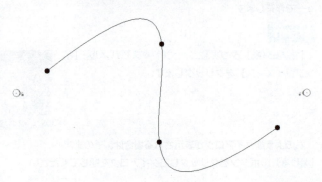

STEP06

スプラインをパスとして使用するので、[参照線] に変更します。[参照線] が選択されていることを確認し、[プロパティ] - [識別情報] の [参照線] にチェックを入れます。

STEP07

3Dビューに変更するので、[クイックアクセスツールバー] - [既定の3Dビュー] をクリックします。

STEP08

参照点を選択すると座標が表示されます。座標の矢印をドラッグして、パスの形状を変更します

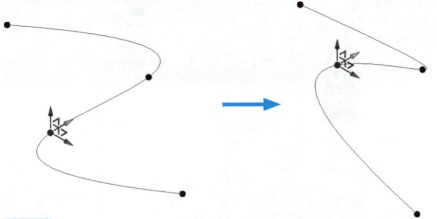

STEP09

断面の形状を作成する作業面を設定します。[修正]タブ-[作業面]パネル-[セット]-[作業面を設定]を押します。参照点の1つをクリックします。

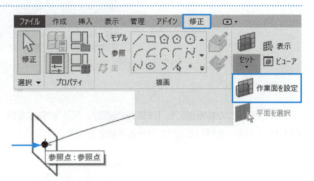

[修正]タブ-[作業面]パネル-[表示]をクリックして作業面を表示させると、このように作業面を確認することができます。

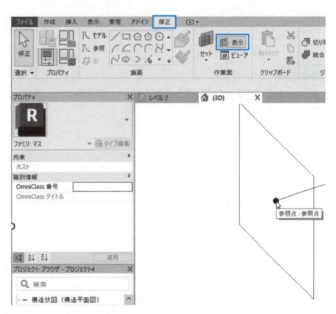

STEP10

断面の円を作成します。

［修正|配置線分］コンテキストタブ-［描画］パネル-［円］を選択します。

参照点をクリックして円を作成します。

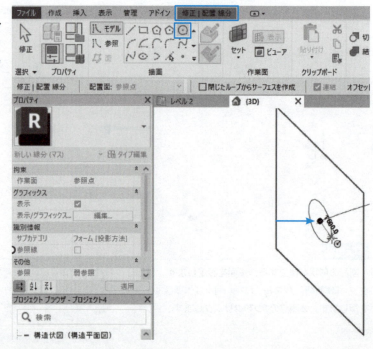

同様に残り3つの参照点にも［作業面の設定］、［円］の作成を行います。Escキーを押して［円］ツールを終了します。

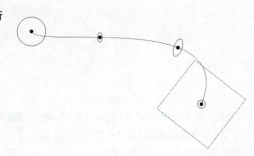

STEP11

フォームを作成するので、図のように、円とパスを囲って選択します。

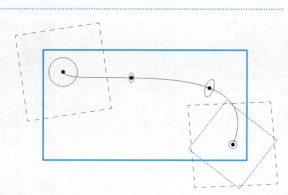

STEP12

［修正|複数選択］コンテキストタブ-［フォーム］パネル-［フォームを作成］を選択します。

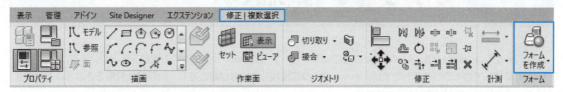

このようにマスが作成されます。円の位置やサイズによっては、うまくフォームが作成できず、エラーが表示されます。この際は、円のサイズ、位置を修正します。

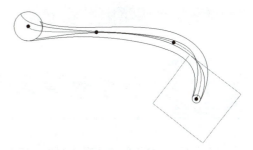

STEP13

［修正］タブ-［インプレイスエディタ］パネル-［マスを終了］をクリックし、インプレイスエディタを終了します。

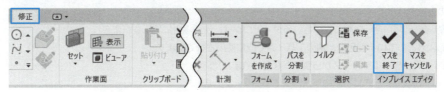

［表示スタイル］を変更すると、このように形状を確認することができます。

 完成後も形状変化は自由自在
完成したインプレイスマスはダブルクリックで編集エディタを開くことができるので、パスや断面形状を後からでも変更することができます。

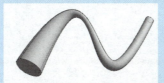 

15 オフライン接続表示

　AECコレクション製品では、Autodesk IDを用いてネットワーク経由でライセンスの確認を行っています。常にネットワークと接続しておくのがベストですが、ネットワークに接続していない場合でも、30日間は利用できます。この際は、以下のように接続可能な日数が表示されます。

16 ライセンスの重複

　シングルユーザーのサブスクリプションは、ソフトウェアの起動中に指名ユーザーが Autodesk Account で使用しているアカウントでサインインするとアクティブになります。

　シングルユーザーサブスクリプションライセンスのソフトウェアは、ユーザーがそのソフトウェアを使用できるのは、常に1台のコンピュータのみです。

　オートデスク製品のデバイス制限に達した際に表示されるダイアログは、次の場合に表示されます。
- 1つのデバイスで開始しようとしている製品は、別のデバイスで既に使用されています。
- 現在使用しているデバイスとは異なるデバイスから製品が起動されました。
- 使用中のデバイスがアイドル状態のときに、別のデバイスで製品を起動しました。

　製品は、サブスクリプションに応じて、限られた数のデバイスで同時に実行できます。このデバイスで製品を使用するには、別のデバイスで一時停止します。ライセンスは正しく利用しましょう。

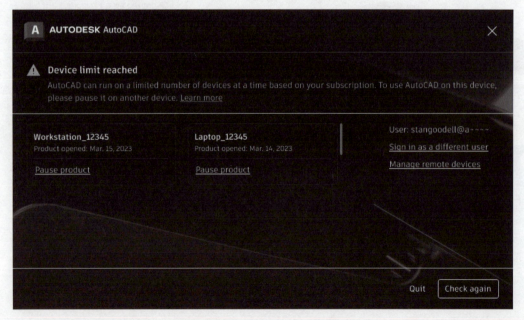

（Autodesk HPより引用）

青字の項目はRevitのメニュー名を示しています。

A

AECコレクション	168, 186, 196, 244
AutoCAD	7, 80, 91, 183
Autodesk Account	196, 244
Autodesk Docs	186, 189, 196
Autodesk ID	180, 182, 197, 244
Autodesk Viewer	180, 182, 183

C

CADリンク	67, 68, 71
CAD読込	80, 89, 96, 115
CDE	186
Civil 3D	63, 65, 183, 186, 187, 189
CUG	119, 120

I

IFC	183, 194, 195, 197
IFC書き出し	195
IMXを書き出し	186, 187
IMXを読み込み	189
InfraWorks	183, 186, 187, 189, 191, 192

N

Navisworks	66, 177, 179, 183, 186, 198

R

Revitフェーズにアタッチ	201, 202
RUG	115, 119, 120

S

Shared Reference Point	64, 65

T

TimeLiner	198, 199

あ行

アドイン	65, 190
位置合わせ	63, 65, 67, 70, 81, 90, 216
インプレイスファミリ	3, 74
インプレイスマス	239, 243
押し出し	75, 76, 82, 83, 89, 96, 101, 102, 116, 223
オプションバー	4, 5, 19, 21, 29, 31, 34, 131, 217, 218, 220, 221, 225, 229, 230
オフセット	29, 31, 118, 131, 134, 135, 136, 137, 192, 217, 218

か行

カーテンウォール	74, 115, 116, 117, 118
解析モデル	5, 49, 168
回転	6, 69, 136, 157, 161, 165, 221, 222
カテゴリ	3, 58, 60, 148, 201, 214
かぶり厚設定	38, 40
基準レベル	81, 87, 94, 95, 96, 98, 101, 108, 111, 118,134
基準レベルオフセット	118, 134, 135, 136, 137, 138
基準点	60, 61, 62, 126, 129, 130, 131, 233
基準面	7, 12, 14, 29, 30, 129, 131, 213
鏡像	46
鏡像化	48, 76, 108, 162, 227
鏡像化-軸を選択	46, 48, 77, 162, 227
鏡像化-軸を描画	228
クイックアクセスツールバー	4, 240
構造解析	9, 74, 168, 169, 170, 171, 172, 173, 175, 176
構築フェーズ	178, 201
コピー	54, 181, 217, 220, 222
コラボレーション	183, 189
コンテキスト	2, 4
コンポーネント	2, 3, 74, 87, 96, 156, 160, 164

さ行

サーフェスをパブリッシュ	186, 189
サインイン	182, 197, 244
作業面	44, 47, 233, 234, 235, 241, 242
作業面を設定	233, 234, 241
作図領域	4, 28, 37, 38
参照線	216, 240
参照面	2, 88, 92, 93, 98, 216, 227
シート	2, 3, 5, 26, 52, 53, 54, 56, 57, 58, 74, 183, 205
ジオメトリ	2, 3, 74, 88, 168, 169, 173
システムファミリ	3, 25, 74, 117, 213
縮尺	26, 56, 57, 109
詳細レベル	5, 51, 52, 208
スイープ	74, 92, 93
スイープブレンド	92, 108, 110, 111
数量算出	26, 124, 153, 186
スケール	2, 5, 39, 56
ステータスバー	4, 5, 37, 219
スナップ	129, 207
図面枠	54, 74, 205, 213
寸法にラベルを付ける	84, 85, 96, 97, 109
全体表示	17, 90, 181

施工ステップ 179, 198
測量点 60, 61, 62
属性情報.............................. 124, 138, 139, 140, 141,
143, 146, 153, 197

た行

タイプセレクタ 4, 18, 32, 46, 47, 55,
134, 136, 161, 165
タイププロパティ 36, 87, 97, 113, 117, 139, 156
タイプ編集.........................32, 36, 138, 139, 156, 158
タスク 200, 201
注釈.......................................2, 3, 74, 84, 206
鉄筋形状ブラウザ 43, 47
通芯位置に..23, 24, 25
土木構造物.................27, 119, 186, 188, 190, 194, 208
土木構造物をパブリッシュ.....................186, 187, 188
独立.......................................24, 74, 133, 136
トリミング領域.......................................5, 38, 52, 56
トリム 74, 223, 224

な行

内部原点...60, 62
ナビゲーションバー...17, 90

は行

パスをスケッチ 93, 111
パブリッシュ 184, 186
パラメータの関連付け 114, 153
パラメータを作成 84, 96, 109
パラメータを追加 58, 149
パラメータを編集 13, 142
パラメトリック...........................2, 3, 153, 154, 159
ビューコントロール....................................5, 49, 51
ビューコントロールバー 5, 49, 51
ビューテンプレート................ 61, 208, 210, 211, 212
ビュー範囲.............. 132, 134, 208, 209, 210
表示スタイル 5, 51, 238, 243
表示設定...208, 213
ピン...........................70, 72, 81, 96, 171
ファミリテンプレート............. 3, 88, 89, 92, 100, 192
ファミリパラメータの関連付け.............103, 106, 113,
114, 236
ファミリロード.....................117, 133, 135, 155
フィレット円弧...76, 102
フォームを作成...242, 243
プロジェクトテンプレート........ 7, 9, 18, 21, 204, 213
プロジェクトの位置.............63, 66, 71, 72

プロジェクト基準点....60, 61, 62, 126, 129, 130, 131
プロファイル 74, 88, 89, 91, 92, 94, 107,
108, 110, 111, 112, 113, 114
プロファイルをロード 93, 112
平行寸法.....................84, 96, 109, 231, 232
ボイドフォーム............................... 80, 83, 84, 87, 96

ま行

マテリアル.............103, 106, 170, 206, 236, 237, 238

ら行

ライブラリからロード 117, 133, 135, 155
リンク 5, 67, 68, 71, 120, 173,
175, 181, 186, 190, 191

わ行

割り当て...196, 236, 238

●著者紹介

一般社団法人 Civil ユーザ会（いっぱんしゃだんほうじんしびるゆーざかい）
2012 年に、設計者・施工者をはじめとした土木技術者の集まりとして Civil User Group（略称：CUG）を設立。
CUG は、現在登録ユーザ数が 5000 名を超え、BIM/CIM を推進する団体として成長している。東京、大阪、札幌、
広島、新潟、福岡、岩手に分会があり、国土交通省の i-Construction/BIM/CIM 活動へ対応するべく、3D 部品
の公開や CIM インストラクターの認定など、人材育成と環境整備に活動している。この CUG を支援するため
に 2015 年 4 月に設立されたのが一般社団法人 Civil ユーザ会で、CUG と表裏一体となって BIM/CIM の進展を
支えている。

●本書についての最新情報、訂正、重要なお知らせについては下記 Web ページを開き、書名もしくは ISBN で検索して
ください。ISBN で検索する際は-（ハイフン）を抜いて入力してください。

    https://bookplus.nikkei.com/catalog/

●本書に掲載した内容についてのお問い合わせは、下記 Web ページのお問い合わせフォームからお送りください。電話
およびファクシミリによるご質問には一切応じておりません。なお、本書の範囲を超えるご質問にはお答えできませ
んので、あらかじめご了承ください。ご質問の内容によっては、回答に日数を要する場合があります。

    https://nkbp.jp/booksQA

土木技術者のための Revit 入門　第2版

2018 年 9 月 25 日　初版第 1 刷発行
2024 年 11 月 18 日　第 2 版第 1 刷発行

著　　　者	一般社団法人 Civil ユーザ会	
発　行　者	中川 ヒロミ	
編　　　集	田部井 久	
発　　　行	株式会社日経 BP	
	東京都港区虎ノ門 4-3-12　〒 105-8308	
発　　　売	株式会社日経 BP マーケティング	
	東京都港区虎ノ門 4-3-12　〒 105-8308	
装丁・デザイン	コミュニケーション アーツ株式会社	
DTP 制作	株式会社 LIP	
印　　　刷	TOPPAN クロレ株式会社	

Autodesk、Civil　3D、InfraWorks、Navisworks、ReCap、Revit は、米国オートデスク社およびその他の国におけ
る商標または登録商標です。その他の社名および製品名は、各社の商標または登録商標です。なお、本文中に ™、
® マークは明記しておりません。
本書の例題または画面で使用している会社名、氏名、他のデータは、一部を除いてすべて架空のものです。
本書の無断複写・複製（コピー等）は著作権法上の例外を除き、禁じられています。購入者以外の第三者による電
子データ化および電子書籍化は、私的使用を含め一切認められておりません。

©2024 Civil User Group Japan
ISBN978-4-296-07111-1　　Printed in Japan